U0533064

MIGHTY ORIGIN LITERATURE

精准努力：
用创业的心态去打工

刘志华 著

中华工商联合出版社

图书在版编目（CIP）数据

精准努力：用创业的心态去打工 / 刘志华著 .
北京：中华工商联合出版社，2025.1. -- ISBN 978-7-5158-4144-1

Ⅰ．B848.4-49

中国国家版本馆 CIP 数据核字第 20248SP818 号

精准努力：用创业的心态去打工

作　　者：	刘志华
出 品 人：	刘　刚
责任编辑：	李　瑛
装帧设计：	唐小迪
责任审读：	付德华
责任印制：	陈德松
出版发行：	中华工商联合出版社有限责任公司
印　　刷：	北京君达艺彩科技发展有限公司
版　　次：	2025 年 1 月第 1 版
印　　次：	2025 年 1 月第 1 次印刷
开　　本：	880 毫米 ×1230 毫米　1/32
字　　数：	100 千字
印　　张：	7
书　　号：	ISBN 987-7-5158-4144-1
定　　价：	49.80 元

服务热线：	010-58301130-0（前台）
销售热线：	010-58301132（发行部）
	010-58302977（网络部）
	010-58302837（馆配部）
	010-58302813（团购部）
地址邮编：	北京市西城区西环广场 A 座
	19-20 层，100044
	http://www.chgslcbs.cn
投稿热线：	010-58302907（总编室）
投稿邮箱：	1621239583@qq.com

工商联版图书　版权所有　侵权必究
凡本社图书出现印装质量问题，请与印务部联系。
联系电话：010-58302915

为迷茫的职场人指明努力方向,

与普通的打工者分享进阶方法。

目录

序　　／1
自序　　／7

第一章 "贪婪工作"养成期：一个人的奋斗　／1

把职场当成个人能力训练营 ／3
工作高效秘籍：做可视化时间表 ／9
一个接一个的胜仗，打出做事的"爽感" ／13
比努力更重要的是找准定位和赛道 ／17
做人做事需要一股"韧"劲儿 ／24
面对困境，要有破局思维 ／29
保持焦虑感，远离焦虑症 ／33
永远不要忘记自己的初心 ／37

第二章 "享受工作"成长期：一群人的梦想　／41

感受时代潮水，学会顺势而为 ／43
从 0 到 1：先求生，再求赞 ／48
从 1 到 10：先找优势，再补短板 ／53
"产品"是根本，也是底气 ／57
打造"少年感"团队 ／61
"羊群"需要一头"狼" ／69
先搞清对手，再搞定对手 ／74
事业瓶颈期：如何带领团队"二次创业" ／78

第三章 "轻盈心态"成熟期：成为组织的赋能者　/85

　　管理者的重新定位　/ 87
　　做公司不同时期需要的人　/ 92
　　理解"后浪"的不容易　/ 98
　　不让自己成为"过期前浪"　/ 105
　　向上管理：让 Boss 先听懂再共识　/ 109
　　向下兼容：放大格局，赋能成就　/ 116
　　制度与温度，一个都不能少　/ 123
　　公平公正，相互成就　/ 128

第四章 "充盈工作"稳固期：成为微妙的平衡者　/135

　　站在 Boss 的角度看问题　/ 137
　　沟通力是一种重要的能力　/ 142
　　真诚是最好的情商　/ 147
　　面对越级汇报和危机公关　/ 151
　　成为让资源偏爱的人　/ 157
　　清醒认知：你是"平台型"选手，还是"能力型"选手？　/ 161

第五章 "松弛感"传承期：成为努力的乐活者　/167

　　不让情绪左右自己　/ 169
　　懂得舍弃，精准努力　/ 177
　　焦虑时，需要按下"暂停键"　/ 183
　　职场女性的平衡密码　/ 190
　　忙碌而从容，从轻盈到充盈　/ 196

后记：从"转身"到"转念"，便能掌控人生　/200

序

我怀着真挚而热忱的心,向大家介绍我们倍轻松公司的一位杰出合伙人兼电商总经理——刘志华。她是一位用十几年的勤劳与智慧,帮助公司把电商事业从零发展壮大到如今新高度的卓越领导者。

作为倍轻松文化的真正践行者和电商业务的开创者,她始终怀揣着初心,以简单纯粹的心灵与无限的热情活力投入到每一天的工作中。她在公司里,是真实坦率的代表,有什么说什么,从不藏着掖着;同时,无论市场风云如何变幻,她都能始终保持着全力以赴的热情与永不停歇的学习精神。例如她不仅在带团队时精益求精，还在平日生活中不断提升自己：她陪伴孩子一起学习英语，自己摸索抖音商业模式，研究 AI，紧跟新科技的浪潮，不断完成自我升值。这种自我提升的精神让她始终拥有年轻的心态和饱满的精力。

在职业生涯中，她始终将这份工作视为自己的事业，展现出了令人钦佩的责任感和担当。电商业务初创时的"无"，从零突破十亿，再到如今的新高度，她用行动证明了以身作则和团队协作的力量。她带领的团队始终充满战斗力，任劳任怨、敢打敢拼，展现出卓越的执行力。

倍轻松因有这样一位无私奉献、勇于创新的合伙人而倍感骄傲。在她的带领下，公司电商业务实现了飞跃发展，她的领导力、热情与坚持，深深感染了每一位同事，也让公司求真务实的文化得以更加深入人心。

作为她事业的见证者，我感恩倍轻松有一位像她这样无私贡献的合伙人，她的奉献与杰出表现无疑是倍轻松最大的荣幸！

作为一名 70 后的创业者，我见证过无数的变革与创新，也与众多职场精英共事过。在企业经营过程中，最让老板感到欣慰和自豪的，莫过于在公司里培养出一批有能力、有意愿，能够躬身入局、同甘共苦，且始终与时代同行、不断超越自我的人才。

在我眼中，志华无疑就是这样的人才。她是倍轻松在发展过程中培养起来的优秀骨干，是团队中的精英代表，在一定程度上也体现了倍轻松的企业文化和精神风貌。

2007 年，初印象：锐气和冲劲十足的同时略带一丝小傲娇

那一年，传统企业对于互联网电商的探索才刚刚开始。志华初入公司，她身上那股锐气和冲劲，甚至略带一丝小傲娇，给我留下了深刻印象。我能感受到她内心怀揣着梦想和激情，对工作充满了无限的热情。她的到来，开启了倍轻松的电商征程！也从零起步组建了一支能打能抗能拿结果的电商销售铁军。

17 年共同成长：她目标明确，有强大的执行力

在 17 年的电商生涯里，她做业绩、管团队、共创产品，曾在双十一期间创造 24 小时 GMV 破亿的战绩！也曾打造了倍轻松年销量突破 150 万台的超级爆品！从"研究消费者真需求"到"网红联名"，再到"明星代言"，推动品牌与互联网众多平台的新品、模式共创，志华带领着电商实现了销售额 10 亿规模的爆发式增长，品效合一的结果呈现也成为了传统企业转型的范例。

从 0 到 10 亿：她经历了倍轻松创业到上市的全过程

从 17 年前电商业务一无所有，到如今打造出占公司 60%－70% 份额的多元化电商事业部。这一路走来，她经历了从战略规划、组织调整、产品线探索到对精英团队凝聚力打造，完整地把每个创业阶段都梳理了一遍。我欣赏志华的行事风格，她思维敏捷、思路清晰、雷厉风行、追求完美！她用自己的行动诠释了什么是"精准努力"，什么是"用创业的心态去打工"。

不忘初心，躬身入局：用实力和行动赢得"倍轻松的品牌合伙人"

在公司上市后，她不断给自己重新定位，多次与我沟通组织问题，主动大力引进新高管，实现人才结构的迭代升级，有效赋能公司并精细调整团队。志华的格局、远见、专业、专注，是很多职场人都应该去学习的，正是这种一直用创业心态打工的奋斗者精神，让她在倍轻松一路打胜仗、一路成长拿结果！2024年她正式升级为倍轻松的品牌合伙人，是众望所归。

人格魅力：从人才选择、梯队建议到团队打造，练就了她优秀的领导力

在管理团队方面，她有强大的领导力和凝聚力，擅长做组织布局和人才梯队培养。17年带出了一支躬身入局、一路披荆斩棘共进退、兼容80、90、00后的团队。

在瞬息万变的市场环境中，她是嗅觉敏锐的猎人，她有商业洞察力和决策能力。每一次嗅到商机，都会在市场快速变化以及崛起之前，锁定目标，精准出击。这17年的经历让她的内核更加稳定，用创业的心态去打工，是一种强大的自我主导意识——她不仅仅把工作当成工作，更是当作一份事业，当成自己的事业。

总结沉淀：一本贴合大众的好书，传播正能量

她将职业生涯概括为出入职场时的"贪婪工作"养成期，在职场摸爬滚打时的"享受工作"成长期、"轻盈心态"成熟期、"充盈工作"稳固期、"平衡工作"赋能期，以及在职场实现自我价值的"淡定从容和松弛感"这样的五个阶段，是特别真实的自我写照，也是贴合大众的、接地气的。

每个老板都渴望拥有一支始终保持创业心态和状态的团队，每个人都有机会成为自己人生故事的主角。志华将自己在倍轻松的成长历程汇集成《精准努力：用创业的心态去打工》一书，为职场人士指引方向，帮助他们少走弯路，快速找到人生目标。

相信读者能够从这真诚的文字、真实的故事以及个人成长经验中汲取智慧和启迪。也期待用心者可以学习志华的经验，积极行动，学会在时代中找准先机，了解先入局再优化的思路，从而不断实现自己的目标，实现自己的价值！期待更多的职场人能够用创业的心态去打工，成为公司的核心力量；也祝愿每一个老板都能找到用创业的心态打工的人才。

马赫廷

深圳市倍轻松科技股份有限公司创始人、董事长

自序

经济形势变化莫测,职场竞争无处不在,要想在任何时期都有选择资格,就要有足够的实力和不可替代的独特之处,更要懂得沉淀。而立身之本就是一句话:用创业的心态去打工,用主人的心态去经营。

2017—2019年,我记得有一个响亮的口号:"大众创业",于是"创业"便成了当时的热点和时髦的词汇,总觉得不去创业就不能证明自己有能力,宝妈、职场人,甚至退休人和学生都加入创业大潮,也正是这种众人拾柴的景象和氛围,让一个新的商业模式"微商"诞生并快速成长，三年时间成就了无数人，也涌现出了众多新锐品牌，当然不乏交了钱只凑了热闹的。

经历了三年的"口罩期"之后，可以明显感觉到求职市场的变化：无数大厂纷纷裁员，猎头推荐的大批人才也由原来的单一品牌经历到拥有过大平台中高层级别以上身份的"能力者"，而各位求职者也愿意自降身价……这场景放在2019年之前，是很少出现的。

类似的新闻也层出不穷，各平台裁员几乎成了一种现象，而经常听到的一句话就是：我被"N+……"了。一时间，摆摊儿、尝试做新媒体、短视频的人层出不穷，也有一部分人选择躺平或半躺平状态，因此，生活也逐渐陷入无尽的焦虑和迷茫之中。

同样是从业者，却有另一种现象，那就是无论经济怎么"下行"，市场怎么变化，公司如何裁员，竞争如何激烈，他们永远都是忙碌的、充实的、充满向上正能量和信心的！

当你躺在床上刷手机的时候，有一些人却每天在学习，在寻找新的出路。早已有一些人做起了自媒体博主，或分享知识，或分享生活；当"K12改革"后，有些机构直接破产，而有些机构却找到第二曲线，直播知识、直播带货，用在线教育和课程填满了学生的假期；再看远程办公和OpenAI，在这三年中酝酿、发展、应用，刷新了打工人的认知；在线医疗、电商的业务量和成交额直线上升……就在一些人抱怨快吃不上饭的时候，另一些人却赚得盆满钵满。

从2019年之前的"创业潮"到如今的"失业潮",每一次潮来潮往、泥沙俱下之后,在困境的泥沼中,总有一些行业和个人能够逆势而行、逆风翻盘,不同结局的关键在于你是选择彻底躺平、随波逐流,还是绝地反击、重新觉醒。

我看到身边有不少年轻人,一边咬牙坚持,一边反复内耗,都说成年人的崩溃就在一瞬间,然而他们似乎再也经不起任何打击了。时代在飞速发展,我们绝不能原地踏步,我们有权吐槽,但更需要思考。

"用创业的心态去打工"是我走过职场二十余载,唯一能概括我如何从一个职场小白一步步走到上市公司的董事、高管、电商事业部总经理、合伙人的关键所在。这一路的我经历丰富、感慨颇多,想到自己年轻时的阳光、热情、拼搏、迷茫、不服输、远大梦想,就想把自己的一点心得提炼出来。希望这本书可以为正处在焦虑迷茫期的职场朋友提供一点启发,坚定一点信心。无论何种境况都要保持创业的心态,无论是打工,还是做事,都要用创业的心态去充实自己的每一天,只有如此,我们才能在任何时候掌握主动权,成为动荡时期的自信者和成功时期的见证者。

那么,什么才是创业的心态呢?就是认清自己的优势和劣势,认清自己的底牌,认清社会的发展趋势,一直用内驱力推动自己做事。如果你只是把自己当成一个打工者,那么你只会做分内的事,而不会多思考一步,更不会有自驱力,做事的结果可想而知,升职加薪自然轮不到这样的人；如果你有了创业的心态，把公司当成自己的公司，把公司的事业当成自己的事业，那么无论你做什么事情，都能找到适合自己的方向和办法，困难一个个攻克、计划一个个推行、成绩一个个呈现，坚持做，不断重复和优化，一定会取得成就。

以我自己的故事为例。

我的父母很普通、老师很严厉、领导很包容，可以说从不同层面造就了我的世界观、人生观和价值观，促使我逐渐成长为一个自信、充满干劲儿、积极向上的人。

毕业之后与其他新生一样投简历、找工作，在刚刚毕业的四五年里，我写过文案，做过策划，解决过商业危机。原本已经做到了策划总监的级别，其实只要在这个领域不断深造积累资历，大可不必再从零开始，踏入另一条全新且前途未知的陌生职场之路。

但我不服输、对一切保持热爱和好奇的性格，让我感受到了互联网时代的潮水，于是我在2007年选择改变赛道，希望从事一份从想到、做到、拿结果能实现闭环的岗位（真正验证自己的能力）。在多次选择后，我幸运地进入了我现在所在的上市公司（曾经的一家民营企业），当时选择的原因很简单：老板谦和、低调、极其专注、对新事物充满热爱，公司有着好基因、好赛道、好产品……一句话，感觉哪里都对了，于是我也便开启了从传统模式到互联网转型的新模式，做起了电商，如今也算是一位名副其实的"老电商人"了。

自重新选择赛道的那一刻起，我便告诉自己，一定要有创业的心态，把公司的事当成自己的事来做，哪怕只有一个人单打独斗，也要撑起一家公司的小部门，同时要时刻牢记模式创新的重要性。

在"倍轻松"的 17 年，我学会了躬身入局，学会了排兵布阵，学会了战略组织规划，学会了在不同时期让自己实现价值最大化，学会了不断梳理定位，也学会了选人、育人、用好人、成就人……也因此，我从一名新员工，到了今天公司的合伙人，在别人看来，我是幸运的，甚至算得上平步青云。我确实幸运，最幸运的是我遇到了一位愿意给我时间、包容我、信任我、成就我、让我一路成长、一路向上的老板！同时也只有自己知道，我的每一步都走得艰难却踏实。

在"倍轻松"的 17 年，从只有一个人的办公室，做到有上百人的团队，经历了市场份额从 0 到 1，从 1 到亿，到 GMV（商品交易总额）超过 10 亿 +，扛起集团 70% 左右业绩的全过程。但这只能是一个时间上的拐点，创业人的心态就是让自己时刻在路上：在学习的路上、创新的路上、不断突破的路上……

如果说上市算是一家民营企业的拐点，那么上市后，我们就是一个归零后的全新起步，有了更高的目标、更大的平台、更多的机会和资源，当然也会有更大的压力和挑战。2022–2023 年，由于新冠疫情，我们这家新上市公司直接面临困境，如何突破成了大难题，两年的不断研究和试错，终于在2023年3月，我们开始尝试在抖音做直播；做电商的十多年里，我们一直想做出一个百万大单品，而这一次我们决定在以前所有经验、团队能力的基础上，结合新电商资源，痛痛快快打一次爆品仗！而这一次我们也真的如愿打了一场超出预期的爆品规模仗……

你能想象吗，17年前的今天，我就凭着几次谈话和老板无条件的信任，从一间75平方米商住两用的办公室，一个人开始了"倍轻松"的打工生涯。我一直有一个坚定的信念：用创业的心态去打工，只管努力，领导不会亏待努力的人。

今天的结果也验证了我的信念是正确的：马总给了我17年的时间，让我成长，让我能够慢慢地做一件从0到1的事情，这是很多老板做不到的。别的老板可能只会给你3年时间，就要看到成效，如果没有达到预期，对不起，我们另请高明，你去自寻出路。所以，这确实是我比很多人更加幸运的地方，也正因为如此，让我有了创业的心态和底气，一干就是17年，所以无论过程如何，我真心感恩和知足。我知道，就算17年前的我不做电商，也会有其他人来做这部分工作，这是时代的需要，而不是谁来做的问题，因此，确实是公司培育了我、滋养了我、成就了我。

随着年龄的增长，我们要不断给自己重新定位，找到最大价值体现的方式。如今，我也真正从转身到转念，想把更多的机会留给同样有着创业心态的年轻人。我越来越能理解"屋宽不如心宽,身安不如心安"这句话——当一切你梦想中想要的东西到来的时候,你无须推辞,它们都是你命中注定要经历的,你只需把握时机、全力以赴、顺势而为、无愧于心;即使有一天它们离你而去,你也无须失落,因为它们都是你经历过的,此时告一段落,去迎接新的变化。

但无论何时,都要时刻拥有创业的心态,一直用创业的心态去做事。记住:第一,你就是自己最好的底牌,时刻保持好奇和学习创新;第二,大河无水小河干,大多数时候都是平台成就了个人;第三,相信领导,只管努力,永远感恩;第四,成就企业、品牌、团队,也是成就自己在行业中成长;第五,要敏锐地洞察时代的变化,在每一个跌宕起伏的经历里,仰望星空,脚踏实地,才能不负信任,不负使命,不负韶华。

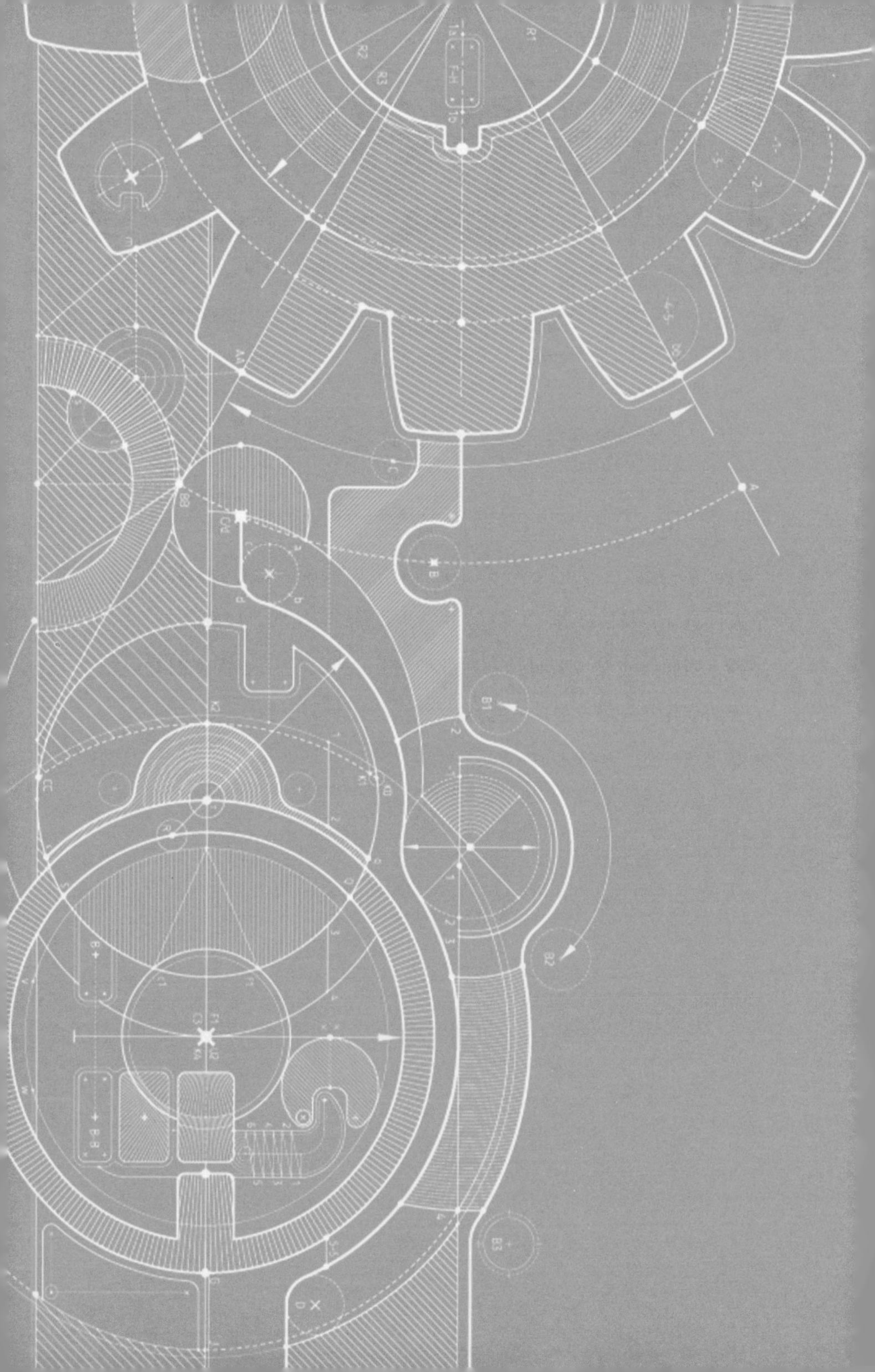

第一章

『贪婪工作』养成期：
一个人的奋斗

把职场当成个人能力训练营

年轻人经常会说这样的话:"我不干了,我想创业,我要自己当老板。"

如果是经历过创业之苦和被现实"鞭打过"的过来人,给出的建议一定是——"创业不容易,你要想清楚。"曾经自己淋过雨,总想着能让别人少淋雨。

我不是什么老板,尚未体验过成功人士的"欲戴皇冠,必承其重",面对类似的说法,我先不急着下结论,也不马上否定,而是鼓励年轻人把自己的想法完全表达出来。我很欣赏有想法、能主动提要求的年轻人,这意味着他们拥有前进的欲望,拥有往平静湖水投下石头的可能,他们的"不安分",恰恰搅动着潮水涌动的方向，就像武侠世界里存在各样的门派，每一代弟子中总有人蠢蠢欲动想要下山，正是有了这批人，江湖中才有了鲜衣怒马的少年侠客，有了开宗立派的奇才贤者。

所以，我会鼓励每一个有着创业之心的人，或是提出不同想法的人，我希望保护好他们心中燃起的火苗，但同时也会提出一些实际的问题：除了努力奋斗、不畏艰苦的心态，你有落地的想法和实际的行动吗？你具备创业的实力了吗？行走江湖到底是崭露头角，还是被高手秒杀，你能承受所有的结果吗？

我的团队里有一个年轻人，曾经豪情壮志地想要开创新事业——我从来不会反对年轻人创业，但对于他，我还是提出了反对意见。我对他说，你刚刚毕业，现阶段以你的专业能力，可能还不足以独自应对市场竞争，还不具备团队管理的能力，然而任何事业想要发展壮大，一定要依靠团队。只是那时的他主意已定，态度非常坚决，我只好祝福他每一步都走得顺利。

半年后，他创业的项目失败了。再次和我约见聊起这段经历，他把一切责任都推给大环境，抱怨市场环境不好、同业竞争激烈、资金链断裂等，却没有寻找自身的原因。他依旧认为自己才华出众，只是生不逢时，没赶上好的机遇，最终导致项目折戟。

其实，像他一样经历过创业失败的年轻人不在少数，然而有些人在反思之后可以东山再起，有些人却从此一蹶不振。在我看来，外部因素固然重要，也很难左右，但对处在同一环境和行业中的人们来说，机会是公平的，能否成功，主要取决于做事时的专注度，以及对待创业的态度。

这个年轻人其实很聪明，但在工作的时候不够专心，总琢磨着做一些自己的事情，因此他的本职工作始终无法做得很出色。他以为自己在公司积累的资源可以用于创业，然而正是这种"小聪明"让他得不偿失。

进入"倍轻松"的17年，毫不夸张地说，我一直在"学艺"。从选择赛道模式到搭建团队、培养团队，洞察每一步的商业变化、趋势变化，再到独立阿米巴经营核算，包括财务、法务各部门的事情都要摸清，不亚于将十八般武艺学了一遍。然而这些只是做事的入门功夫和基本招式，要想修炼成武功高强的"扫地僧"，更要掌握招式背后的心法。

不管是在职场打拼还是出去创业，所谓成功往往来之不易。遇到困难、遭受委屈甚至感到绝望之时，如何用最快的方法自愈，如何面对团队，收起自己的玻璃心，激发自己和团队的自驱力，想方设法让团队实现良性运转，这些都需要亲自考虑，而这也只是心法的冰山一角。

我认为自己就是那个一直在门派里修炼、没有下山闯荡江湖的弟子，市场的残酷犹如江湖的险恶，你认为自己不在其中，其实早已经身临其境；一腔热血拯救不了江湖，却可能成为江湖中无数殉道者留存的唯一痕迹。正如各大门派弟子在下山前需要经过重重考核，通过者才能拿到下山的资格，面对真正的市场，一腔孤勇并不值钱，花拳绣腿更不能当饭吃，创业也好，打工也罢，都要具备货真价实的功夫。

大千世界，造就性格万千的人，有些人内向不爱说话，但在工作中却能展现出善于沟通的一面；有些人情商很高，能够得体地处理各部门之间的工作，为客户提供良好的服务体验。一个人自身性格的不足、经验的不足，完全可以通过训练改变，而最好的训练场所，就是被很多人忽视的职场。

职场，是我们锻炼自身职业素养、培养和完善自身能力的最佳场所，在职场中练得多了，为人处世也能变得游刃有余。在工作中，我们每天都会面对各种各样的人，对象不同，采取的沟通方式自然不同，时间久了，你就能摸索出事物的规律，找到属于自己的做事风格。

那个创业失败的年轻人，后来进入了一家企业重新打工，他确实有潜质，做事效率高，公司领导便把他当作核心员工去培养。然而好景不长，虽然他能很敏感地接触新事物，也有很强的学习能力，但他依旧缺乏持之以恒的专注度和耐性，因此他很容易对一件事失去兴趣，并轻言放弃。

然而这些恰恰是创业者必备的品质。

我们往往只看到成功人士戴上皇冠、登顶巅峰的那一刻，却忽视他一路走来的艰辛和不堪——哪有自始至终铺满鲜花的道路，创业之路道阻且长，充满了泥泞和荆棘，必须要有摸爬滚打的毅力和披荆斩棘的勇气。

那个年轻人最终选择了离职。很可惜，他再次放弃了在职场修炼、打拼的机会，他始终没能摆正心态，没能克服自身的不足，反而认为自己当过老板，应该与其他员工区别对待。这些想法导致他无法专心提升技能，无法迅速融入团队——自视甚高，让他得不到团队伙伴的认可；朝秦暮楚，更不能被领导委以重任。他只好选择"出局"，再次盲目创业。

在我看来，这个男生错失了两次绝佳的机会，他只把职场当作创业失败后的过渡阶段和开启下一段创业的跳板。其实，职场才是个人能力的训练营，才是创业之路的明确指引。在我们成为高手之前、想要创业之前，务必沉下心来，在此闭关修炼。

创业这件事，对年轻人来说真的可行吗？我看未必。有些人口口声声喊着创业，却根本没有想清楚自己想要"创"的是什么"业"，又该怎么创业，不过是出于逃避职场中遇到的问题，或囿于所谓自尊，给自己画地为牢。

其实创业真的不是实现自我价值的唯一途径，只要自己的努力能够匹配得上自己的欲望，那么无论是创业，还是在职场中打拼，都能够获得相应的认可和成就感。

对于依旧想要创业的朋友，我想说，保护自己心中的火种，同时也要按捺住蠢蠢欲动的心。在真正创业之前，不如抓住现有工作中的每时每刻，去学习，去锻炼，不浪费所在平台能够带给自己的良好资源，把公司、职场当成未来创业的训练场，可以最大限度地避免未来可能遇到的各种初级问题。

如果你能在公司担任管理岗位，肩负整个团队的成败，调动团队的积极性，明确共同目标，增强团队的凝聚力，那么公司就是你攀岩时的保险绳；你要珍惜工作的过程，因为这时的试错成本近乎为零，你完全可以毫无保留地大干一番，既对得起公司为你匹配的职位和待遇，也积攒了自己的能力和资源，当有一天你发现自己无须借助绳索的时候，也许就是你可以选择一跃而下的时机。

以创业之心，做好职场之事，在工作中汲取营养，让自己变大变强，终有一天，你能突破顶级武功心法，就像武侠小说中描绘的那样：内心充沛，五感清明，强而有力。

工作高效秘籍：做可视化时间表

选择和规划，是时间管理的关键，和它们处好关系，能让我们在工作和生活中变得更加从容高效。对职场中的我们而言，每天的日常工作都离不开选择与规划。

举个简单的例子：你拎着早餐冲到办公室，还没来得及吃一口，发现马上要开会，于是你抱着电脑溜到会议室，却发现开会需要的文件打不开，一阵手忙脚乱之后，瞥见所有人都在看着你。如此像打仗一般忙活了一整天，你瘫倒在椅子上，饭也没顾得上吃，剩下一堆工作等着处理，情急之中薅下一把头发，感慨工作量太大了、压力太大了！

这是不是你工作中的常态？都说成年人的崩溃往往就在一瞬

间，然而类似的崩溃往往是做事缺乏选择与规划造成的。

解决的办法很简单。我们可以在无数要处理的事情中选出哪些必须尽快做、哪些是可以往后延迟的，提前一天计划好要面对的工作，预见中间可能会出现的变故并做好备案；不要把计划写得密密麻麻，而是要在每一个计划之间，给自己留出缓冲和处理突发事件的时间，这样才能避免像赶场子一样去赶赴每一项工作。

有一次我出差回京，从机场打车回家，载我的司机师傅十分健谈，一路上跟我聊起最近发生的新鲜事，从宏观经济到民生问题，再到具体的个人收入，让我感觉他无所不知、无所不能。他告诉我，他很喜欢开"滴滴"，每个月收入过万不成问题，时间还自由。我向他请教是如何做到的，他说自己工作十余年，除了勤奋必不可少，还要懂得"动脑子"。

他说，熟悉路况和遵守交通规则，是每个司机最基本的职业素质，如果想做得更好，就要时刻关注交通状况，多听一听实时路况播报，提前绕行封堵路段；选择客源也很重要，有时候选择一单去机场的客单，比在市区内接三单挣得还多；更要学会合理规划路线，降低空驶率，不浪费每一段路程；充分利用平台给予的一些优惠政策，例如到指定加油站加油，可以为自己节省不少开支；最后就是不断提升业务水平，一方面练好车技，一方面做好服务，每天都要把车收拾得干净整洁，保持空气清新，再备一些矿泉水、纸巾和急救药品，这样就能给乘客留下靠谱、安全、专业的印象，从而拉到不少回头客。

司机可能是我们再日常生活中遇到的再普通不过的一种职业，然而在他的讲述下，我发现这里面有着不少"门道"——即使做着再平凡不过的工作，这位司机大哥却能将"选择能力"和"规划能力"运用得游刃有余，让他的这份职业和工作能力都显现出不平凡的一面，着实令人佩服。

司机师傅的做法就很有启发性。我们可以像他事先熟悉路况一样，先熟悉自己要做的工作内容。下班前抽出十分钟来列一下第二天常规和已经约定好的工作，例如：是否要开会，开会需要准备哪些材料；是否预约了客户，需要给客户准备什么资料；手头的工作进展到何种程度，是否需要寻求帮助，等等。

做可视化时间表，其实就是分出工作的轻重缓急，哪些工作是需要马上完成的，哪些是可以暂缓的，哪些是有问题的，哪些是不必要的。一一列出来，多用一二三，让眼睛看得见。

判断轻重缓急的标准只有一个，就是必须有明确的目标，同时梳理自己要做的事情是否跟目标相关。

更细一点举例：

9:00 开部门例会，需要准备哪些汇报的材料，今天能准备好的就在今天准备，或者明天提前到公司准备。

10:30 预约了客户线上会议，需要准备哪些方案，今天把方案做好，明天在例会上进行讨论。

14:00 根据线上会议的讨论完善方案，留出和部门沟通、领导审核的时间。

如此一来，重要的、必做的事情一目了然，还兼顾了沟通、审核的流程和时间，做事情便有了规划，变得清晰和得心应手起来。这就是可视化的时间表，它能够让千头万绪的工作变得具象。

在规定的时间内做事，就像是吃蛋糕，吃一块，少一块——让时间的流逝能被看见，从而重视自己要做的每一件事情。

一个接一个的胜仗，打出做事的"爽感"

我们公司有很多喜欢过"嘴瘾"的年轻人，尤其是在午饭时间，你总能听到有些人说"不想上班了，好想回家躺着""只想过周末，明天我一定想办法请假"，或是"别太拼了，差不多就行了""干脆辞职休息几个月吧"。

结果呢？下午上班时间一到，大家马上回归工作状态，全身心投入工作，甚至到了下班时间，有些人还在加班。

所以你会发现，现在的职场打工人，嘴上说着不要，身体却很诚实；嘴上说着丧气的话，行动却是积极的。大家都在偷偷奋斗，丝毫不想落后于人。这也应该是当下职场人的一种快乐自嘲吧。

当我们听说某人成为人生赢家，走向人生巅峰，尤其得知他是借助外力或天生自带主角光环，看似毫不费力便能获得一切的时候，很多人就会配上一个"躺平"的表情包，嘴里喊着"突然不想努力了""干几辈子也赶不上人家的小脚趾"。

起初看到这样的言论时，我还会摇头叹气："现在的年轻人太没有拼劲儿了，我们年轻时的条件那么艰苦都扛过来了，怎么现在的环境优越了，大家反而吃不了苦了，总想不劳而获呢？"

可我渐渐发现事实并非如此。年轻人只是嘴上喊一喊痛快痛快罢了，接下来还是会该做什么做什么，特别有主心骨。

很多年前有一部风靡一时的电视剧，女主角是一个身份卑微的小宫女，她一改观众印象中谨小慎微的形象，敢于出头，敢于打抱不平，敢于揭露黑幕，敢于为自己争取应有的权利，最后成为后宫赢家。观众们喜欢这个反常规的角色，反复刷剧，究其原因就是整部戏和这个角色充满了"爽感"。

"爽感"这个词，在我们团队小伙伴的聊天中出现的频率很高，比如说谁搞定了一件有难度的事情，很有"爽感"；谁又摆平了一个难搞的客户，很有"爽感"。我想所谓的"爽感"，就是我们以前常说的"成就感"吧。

如何在工作中找到"爽感"，做一个快乐的职场人，其实可以总结出一些可参考的路径。

前面说过，列可视化时间表十分重要，因为它可以让我们的工作变得高效。但具体要怎么做呢？

首先，把每天要做的事情落在笔头上。这种方法看似朴素，却很有用，原本一天能完成几件事，你列出来之后，可能效率就能翻倍。

其次，在列工作清单的过程中要做好分类。比如，哪些是需要回电的，哪些是需要在线沟通的，哪些是需要做出方案的。分类之后便能一目了然，并能看出难易程度，先做困难的，再做简单的，越做越顺手，信心也越来越强。

再次，学会规划统筹。比如，电话沟通需要提前约好对方的时间，在等待时间来临的同时，可以处理其他事情。

有一个小技巧特别有效，我建议你可以尝试去做，会发现做这件事不仅能提升你的成就感，还会让你觉得特别"爽"。那就是，完成一项工作就划掉一项，干掉它，划掉它，看着它们被你一个个解决，你就赢了。

当然，我们列出来的工作往往不可能在一天内完成，这就需要你对那些没有完成的工作做一个当天的小结：今天做到了什么程度，明天要如何进行。

以这样的工作方式持续一周，你就会对自己每天的工作量有一个基本的概念，从而做出初步的判断，而不会给自己安排过多或过少的工作内容；你会变得越来越从容，逐渐有了掌控者的心态。

没人喜欢像一只无头苍蝇一样每天乱撞，也没人想做没有感情的工具人，改变的关键就是需要我们打破自己"被决策"的习惯，在有限的工作时间里，高效有序地完成计划内的任务，通过规划和自律掌控时间，做出成绩也会变得顺其自然。

在工作中追求做事的"爽感"，并不需要别人给你"打鸡血"，也无须在意口头的"丧"，因为内心的驱动力会带给你这一切，你会发现，没有催促，没有强迫，只有自己的心甘情愿和甘之如饴。

比努力更重要的是找准定位和赛道

所谓"金三银四",每年开春,就进入职场人蠢蠢欲动的招聘时节……以下现象在职场中十分常见,该如何选择,坚持还是放弃,什么才是迈向成功的关键?这一篇,将为各位职场人答疑解惑。

有的人刚过试用期不久,就想要换工作;有的人方案被否,就认为是领导找碴儿;有的人不是挤在地铁里,就是堵在通勤的路上,于是动了递交辞职信、来场说走就走的旅行的念头……

不要否认,这就是很多职场打工人的日常心理状态。

我总说,找工作和选择结婚对象有异曲同工之处,没有太多是非对错,选定之前好好挑,选中之后好好干,不适合也不要将就,理性思考和对待最为重要。

1. 换工作需谨慎，但也不要有心理负担

工作的头三年，我至少换了两份工作，那时觉得人生刚刚起步，应该多经历不同类型的工作，尽可能多做尝试，才有可能更准确地发掘自己适合什么、喜欢什么、想要什么。那时的我对社会充满了好奇，这份好奇激发我不断寻找最"时兴"的行业，这也许是很多初入职场的年轻人总喜欢跳槽的一个重要原因吧。

当然，有些人跳槽是因为他在工作过程中发现自己没有优势，也搞不清这份工作是不是自己喜欢和想要的，于是不断尝试，其实这和我们的判断力有关。

也有一些人，工作稍有不顺或心中不爽，就立刻辞职换一家公司或行业，慢慢就变成了习惯性跳槽。在我看来，这是换工作的成本太低造成的。

我虽然不反对换工作，但我建议大家换工作时都要对前一份工作进行复盘，分析自己为什么要换工作，这份工作为什么不适合自己，而不要一味强调自己的感受，"喜欢或不喜欢""合适或不合适"。

有句话说，不会游泳的人，换再多的泳池依然不会游泳——如果真的是因为自己的能力不足而更换工作，那么你能换到合适工作的概率非常小，此时的你要做的不是频繁换工作，而是调整心态，在现有的工作中提升自己的能力。

这就好比大家原本都处在同一起跑线上，可是你一会儿换一条赛道，每次都要重新开始，逐渐你就会发现，浪费的时间会拉开你与别人的距离。

如果你三年换了三份工作，这三年时间已经足够让一个人在工作岗位上成长为出色的主管、经理，而你几经辗转依然在做普通职员，看着身边人跻身管理层，你才意识到，被你忽略掉的时间成本造就的差距，已经像滚雪球般越来越明显。

怎样才能找到适合自己的工作呢？我大概归纳了以下几点：

首先，正视自己的缺点，敢于承认自己不行。

我们在学校和家庭中接受的教育，可能没有教会我们面对不堪的自己，导致我们不好意思在人前说"我不会，我不行"，一味硬撑，其实大可不必。初入职场的年轻人，不懂不会很正常，如果能做到不懂就问、不会就学，承认自己不行并及时求助他人，那么也能找到迅速提升自身能力的捷径。

我注意到很多年轻人出于"面子"或自诩"社恐"，遇到问题喜欢自己摸索着解决，这种探索精神当然值得肯定，但其实还有更高效的方式，就是主动向别人学习，站在前辈的肩膀上吸收、优化、提升，或许还能让你事半功倍。

其次，少点抱怨，多做实事。

我们在工作中往往会经历三个阶段：觉得自己什么都行、觉得自己什么都不行、觉得自己有的行有的不行。这三个阶段就是我们逐步走向成熟的过程。

那些频繁更换工作的人,往往倒在了第一阶段,即认为自己什么都行,如果不行,那也是大环境造成的,或是领导的问题、同事的问题。

任何时候都不要怪罪环境和他人,这一点十分重要。少抱怨,多做事,对于你认为不合理的事情,例如加班、超负荷的工作量,你可以提出自己的解决办法,而不是心怀不满和不断抱怨。

我在30岁前的工作,几乎没有让我休过周末,甚至直到现在,也没有明确的休息时间,24小时随时待命,但这些在我看来不足挂齿。因为没有什么工作是轻松的,要想在一个平台成长起来,很多时候拼尽全力都不够。一个人最终能在职业道路上走多远,通常不取决于他的能力,而取决于他愿意承担多少压力、愿意付出多少时间。

再次,善于沟通,给自己创造健康的心理环境。

有些人压力大到长期失眠,身体出现各种状况,甚至因超负荷工作而抑郁,这些痛苦我都曾感同身受。

死扛终究不是办法,因为总有扛不住的那一天,我们不能坐等那个节点到来,最后因为承受不住而离职走人。最好的解决办法就是沟通。

你不能总是一个人埋头苦干,而是要把你需要的帮助对团队小伙伴说出来,大家统一目标,明确节奏,商量如何分工协作。你要和你的领导明确结果导向,商量合理的任务量和工作时间,还要和你的客户分析利弊，不断沟通，达成共识。

这样一来，大家的目标统一，行动一致，你不再是孤军奋战，而是有人与你一起承担，团队的伙伴也有了参与感和成长的机会，你也不至于像个气球一样，压力越攒越多，直到爆掉的一刻。

2. 选对赛道，并不是从头开始

职业路线如同赛道，总更换赛道的人肯定难以冲到前面，所以很多职场老人会规劝新人：不要老换工作，更不要轻易更换行业。

如果你真的发现自己所做的工作不适合自己，所处的行业不适合自己，那么你还是要毫不犹豫地停下来，重新选择，重新开始。只有选择了适合自己的赛道，才能促使你在正确的道路上做到极致优秀，因为选择真的大于努力！

在进入"倍轻松"之前，我已经是一家公司的市场策划总监了，拥有七八年策划经验的中高层管理者。按照正常逻辑，哪怕我换工作，也应该走策划这条路，当时确实也有一些猎头公司挖我去别的公司做相关的岗位。

如果当时的我选择继续做策划类的工作，或许可以轻松胜任，但我还是放弃了原本熟悉的行业和职位，选择了一个细分的领域行业，一个全新的商业模式——电子商务。

究其根本，当时的我"嗅"到了另一种味道——商业模式的转变。这也许是基于多年策划经验、积累的对市场的敏感度，那时电商模式已经兴起，传统的销售模式逐渐受到冲击，虽未来并不明朗，但在我的内心深处，确实感受到了商业模式的变化。

除此之外，希望自己能够拥有更多的话语权，对所做的事情能有更为明确的评判标准，也是我当时的诉求。之前的我一直从事策划工作，很多想法其实是通过其他部门或人员变现的，我的工作显得有点被动和不够直接，于是我换了工作，换了方向。

现在想来，我就是那个在半路上更换赛道的人，但是我之前跑过的路并没有作废，反而是把过往的经历转化成我的经验，多年的策划工作使我对行业和市场的变化十分敏感，在产品推广和运营过程中，也能更有全局观和多维度思考，在面对多个跨部门协同工作时，也能更具同理心，快速理解别人的用意，和团队伙伴之间更有话题，较容易融入团队。

3.好的赛道适合自己，也适合时代

当你已经作出了更换赛道的决定，就要有"归零"的心态，并且坚定自己的方向与目标，相信自己是对的，然后大胆地向前冲。

如果你依然走走停停、犹犹豫豫，只能说明你对自己缺乏清醒的认知和定位，在这种情况下，只能靠"撞大运"选择对的行业了。

给自己一个清晰的定位，是走向未来的开端。就像我们打游戏，很快便能发现自己到底适合上单还是下单，适合做刺客还是

当战士——因为你想赢！有目标在前，一切就变得清晰起来。

我经常跟团队伙伴讲，我不能只看见贼吃肉，却看不见贼挨打，别人眼中的好工作未必适合你，你也未必喜欢，适合不适合都要通过思考而决定，通过经历去探索。

选择最好的赛道，不是选择看起来最好的，也不是选择路径最短的，而是要选择趋势下萌生的新事物，选择最适合自己的和最适合这个时代的事物。

"站在风口上，猪都会飞"，这句话其实告诉我们，选对赛道，用最乐观的心态努力向前，对自己的定位逐渐清晰，及时作出调整，不惧怕改变，不抗拒经历，不管你能跑到哪一个终点，起码不会愧对自己付出的汗水与努力。

做人做事需要一股"韧"劲儿

2007年,我舍弃了市场策划的工作,转行进入了"倍轻松",开启了全新的业务模式——电子商务。当时的电商模式还不够清晰,很多企业和老板对这个新领域心生排斥,而"倍轻松"却给了我一个创新和发展的机会。那真是一个从0到1、从无到有的过程。彼时的我怀着满腔热情,无措地面对全新的局面:办公室自己找,团队自己建,渠道自己拓,运营自己干,规划、决策都要亲自上阵。

招聘是第一道难关。我知道有人才能有更多的可能,但吸引人才不是一件易事。前来面试的人看到办公室里只有我一个人,心里不免打鼓:这样的公司怎么开展业务?不会干不了几天就黄了吧？那时公司的团队小、条件差，没有什么竞争力，好不容易招到了几个人，大多也是把这里当成跳板过渡，我辛辛苦苦培养了大半年的团队成员，稍微有点成就，就跳槽了。

团队的不稳定一度让我感到挫败，甚至偷偷抹过眼泪。但情绪宣泄过后一想，多大点事呢，大不了从头再来，我就不信招不到有眼光，愿意同甘共苦、共创未来的伙伴！

人的问题还没解决，业务上的难题却接踵而至。当时我们的电商业务和自媒体都处在初创阶段，最优质的电商平台是亚马逊，而我们连从哪里入手都不太清楚。很多人对此十分不理解，也让工作开展的难度不断升级。

在这样的窘境中，我依然坚信电商是有市场前景的，虽然那时没有什么专业化的论证支撑，只有最朴素的推理：在网上买东西可以随便挑，商品都是明码标价，客户可以很容易挑选出最低价的商品，这与在线下实体店买东西完全不同。在实体店买商品，要想找到最低价，就必须付出大量的时间实地逛一遍，可是只问价却不买，售货员往往会给你白眼。更重要的是，电商购物的体验让人感到舒服和自在，如果你恰好是个"社恐"，或者像我一样不好意思砍价，总觉得自己买同样的东西比别人贵，电商就可以解决这个问题——省时省力不说，还能随便挑选，随便比价，想买就买，不买只看也没关系，客服的一句"亲，有什么可以帮您"，瞬间拉近了彼此的距离。

团队小伙伴总说我好像有使不完的力气，实际上以我的年龄和体力,怎么能跟年轻人比呢?然而要想保持良好的工作状态,除了拼体力和实力,更重要的是拼心态——做人做事需要一股韧劲儿。

你要想清楚,你到底是在给谁干活儿,给老板干,还是给自己干?你把自己当成了普通的职场打工者,还是抱着创业者的心态去工作?

随着对电商的进一步了解,我逐渐爱上了这个赛道,于是我给自己定了第一个小目标:用半年时间建立并拓展"倍轻松"的线上渠道。

当时京东平台(那会儿叫360buy)在北京市海淀区的苏州街,我把它看作倍轻松电商开启的第一步。我预约了一个时间,来到京东办公室,环顾一圈之后,发现办公室虽然不大,但工作氛围很好,每个人都充满干劲儿,认真又热情。

采销部的一个姑娘接待了我。当她听我介绍完"倍轻松"这个品牌后,还是不清楚我们具体做什么,于是我拿出一个护眼仪给她看,她摆弄了几下,不留情面地说:"这种产品没人买,不知道能在哪个栏目上架,你说它有按摩功能吧,可又不属于医疗器械。"几经探讨,我们决定先将它划归为日用百货——当时京东刚开始起步,但我相信上架的产品会越来越多,未来也会不断梳理、细分栏目类型。我跟她聊了很久,不断强调"倍轻松"的产品优势,因为我的目的只有一个:让"倍轻松"在京东上架。

结果也在意料之中,"倍轻松"并没有成功上架京东平台。接下来的半年时间里,我每一两个月就会约采销部的那个姑娘见面,也不聊产品,聊一些工作之外的话题。当时我的想法是,"倍轻松"的品牌知名度还不够高,影响力也不够大,如果直接和对方聊合作条件,容易把天聊死,只能在适当的时候探讨一下把产品做起来的可能性。接触了几次之后,终于不负努力,"倍轻松"在京东开启了动销模式。

当我们明确了目标和方向,只管努力去想、去做就好,万一碰壁,就调整一下方向。一个方向不行,就换另一个方向;一种方法不行,就换另一种方法。

我虽不是老板,但我习惯把自己放在创业者的位置去对待工作中的各个环节,从办公室一桌一椅的布置,到人才一个一个的招募,再到一次一次的出差开拓渠道……我享受着从 0 到 1 的每一个过程,我始终认为这是在为自己工作。

回想我在"倍轻松"电商事业部的 17 年,我的工作状态算得上"007",每天 24 小时随时待命,一周无休,工作的那根弦永远绷着,工作的雷达永远开着,哪怕因为劳累生病也不曾抱怨,因为一切都源于我对这份工作的热爱,源于对知遇之恩的感激,源于身上担负的责任。

记得有一次我连续咳嗽了两个月,发着高烧也坚持去香港开年会,会议中突然喘不上气,但我凭着毅力扛了下来。生孩子的那段时间，从怀孕到剖宫产的前5天，我依然像其他人一样正常工作，忍着恶心呕吐带来的不适感参加培训，在无数个失眠的夜晚写下奔涌而出的思路，在病房里处理文件，生完孩子后不到两个月就重回职场……很多人觉得我太拼了，出于关心和担心，有些人替我感到不值，认为我没必要这么跟自己过不去。我有时也会问自己，为什么要这么拼呢？是因为这份职业和收入能带给我满足感吗？

在我看来，职业和收入只是一方面，让我真正感到满足、有成就感的，是我看到了自己的梦想正一步一步地实现。每完成一个小目标，我就心生喜悦，发自内心地想继续做这件事，并不计代价、用尽全力去做。再说得直白点，我所有的辛苦都是为了实现自我价值，为了获得更快的成长，让我离梦想越来越近。

或许这就是用创业者的心态工作吧，拥有这种心态，才能让我们逐渐变成一个善于拓展、善于突破的人，才会让我们想方设法掌握更多的资源，提升自身的价值，在困难面前不会轻易退却，更难被打倒。

做人做事要有一股韧劲儿，甚至要有一股狠劲儿。我欣赏这样的状态，也希望自己能在工作中长久地保持这种状态。

面对困境,要有破局思维

工作时间久了,经历多了,回过头去看曾经遇到的困难会发现,有些困难是我们自己把自己困住了。

孩子上了小学之后,需要家长陪伴学习的需求增加了,需要家长参与的校园活动也多了起来,可那段时间我频繁出差,因为公司在不断扩大业务规模,也需要创新和增长。两边同时兼顾确实很难,我恨不得把自己劈成两半,想尽办法协调之后,心中的疲惫仍难消解,身体也出现了一些状况。

身体一旦出现问题,精力就容易跟不上,偶尔在家陪孩子学习、玩耍,也是哈欠连天,耐心全失,动不动就成为"咆哮的母亲"。好在那段时间,"倍轻松"的电商业务走向正轨,同时也抓住了每一个新模式、新机会，尤其是直播，在 2020 年和 2021 年就实现了不错的销售业绩，让我稍稍能松一口气。

其实我也焦虑过，只是我逐渐找到了消解焦虑的办法，就是不能只盯着一件事本身，要跳出固有思维模式，寻找新的解决路径。孩子的问题如是，工作的问题亦如是，盲目焦虑往往源于我们深陷其中而不自知。

我看过不少成功人士写的书，也听过很多励志演讲，最终发现，成功是无法复制的，因为每个人的能力不同、资源不同、面对的困境不同，但我们要学习那些成功人士思考问题的方式和解决问题的方法。

俞敏洪说："创业、做生意是一种布局、一种战略，而布局和战略都源于底层的思维。"

正如经过十几年的时间，"倍轻松"从一个完全做线下的企业，逐渐开启线上业务一样，作出模式转变决定的那一刻，没有人知道这条路是否绝对正确，是否一定成功，然而新的思维方式可以让我们把更多的不确定慢慢推向确定，经过不断地思考和论证，就可以找到和别人拉开距离的起点。

在工作中我坚持做的一件事是"复盘与规划"。我认为在每个人的一生中，可以冲动，可以感性，但必须要在冲动和感性之后做复盘与规划。在我掌舵"倍轻松"电商的 17 年里，这也是我们保持持续增长的关键法宝。

"倍轻松"做电商之初，也没有绝对的把握可以做成，但我坚信方向是对的，有了正确的方向，再有不断的探索、努力，抓住每一个风口、机会，未来还是大有可期。互联网一定会改变人们的购买习惯，我们要不断摸索、积累、优化、升级，找到最适合"倍轻松"的模式。

有人说，我们不过是碰上了时代的机遇，但这个前提一定是"思维先行"，有了这个基础，才能赶上所谓的"天时地利人和"；毕竟时代的机遇是同时出现在所有人面前的，不同的结果是由不同的思维导致的。

很多事情说起来容易做起来难，唯有"改变"带来转机。而且"想通"不一定比"实施"更容易，因为"想通"是思维模式的突破，是敢于直面困境，是客观甚至旁观地分析，然后跳出来看全局。

对很多职场小伙伴而言，我的困境可能并没有什么代表性，但经常把自己困住这件事，每个人都时有发生。解决职场困境的破题思维其实很简单，就是要有创业者的思维。

这么说吧，每个不想上班却仍坚持上班的人，都有一个"贪婪"的梦想，就是尽量缩短自己的打工生涯，早日实现财务自由。承认这个想法并不丢人，但我们务必反思一下自己是否具备以下条件。

首先，要有成本经营的概念。成本不仅是金钱，还包括时间、技术、能力等，核算所有成本之后，我们要思考该如何获得这些成本，如何降低风险。

创业不只是拓荒，也不是独狼行动，而是要站在一定事实经验的基础上去做事，而不能搭建"空中楼阁"。这些经验可以来自同行业的报告，或是前辈的指点，也可以是你的知识积累和你的观察，但一定要有成本意识和收益思维。

其次，要有整合资源和创新思维的能力。如何整合对自己有价值的人脉、团队资源，把具备不同能力的人放到合适的位置上，这很重要。

再次，要有应对风险的能力和创新的思维。我们做任何一件事，起步时就要具备这样的能力，不断寻找新思路、新方法，做产品也好，做服务也好，创新思维决定了你的发展速度，某种程度上说也就决定了你的核心竞争力。持续的创新思维能够成为你稳固、有效发展的保障。

保持焦虑感,远离焦虑症

"如临深渊,如履薄冰"这八个字出自《诗经》,几乎是焦虑感的完美阐释。我很喜欢用这八个字来鞭策自己,时刻保持警惕和最佳的状态,看着脚下和前方的路,一点一点地前进。

大多数人在工作中的理想状态,其实就是保持适当的焦虑感——有那么一点提心吊胆,就会激发我们遇事多思考一点,为明天可能到来的变化提前筹谋。

"年龄危机""中年危机""35岁危机"这样的词在职场中十分常见。网传有一些公司只招聘35岁甚至30岁以下的年轻人,那些"超龄"的"80后"仿佛在一夜之间从职场消失。评论区也"炸"了,说这个时代对"80后"太不友好了,这一代人没赶上什么红利，作为独生子女孤独地长大，就业时不再包分配，好不容易工作稳定了一些，又要肩负上有老下有小的重任，还没喘口气，又因为不再年轻而被边缘化。

我想说，时代才不会背这个锅呢，我身边有很多40多岁的人依然工作出色，被高薪聘请，他们从来不缺机会。那些被边缘化的人，仔细看其中鲜有中高层人员，被针对的基本上是年龄大却还在底层摸爬滚打的老员工。他们身上可以明显看出"职场老油条"的特点，比如对待工作不够热情积极，不至于拖后腿但也不求上进，不求有功但求无过，上班爱"摸鱼"等。从某种角度来说，我完全可以理解那些公司的做法，表面上看这些人是被制度淘汰，其实他们是被自己的工作态度淘汰了。

我们的电商事业部在成立之初，员工很少，每个人没有明确的岗位划分，一人多职的现象很普遍。后来随着业务细分，团队逐渐壮大，岗位划分也逐渐清晰起来。很早之前，面对天猫、京东的渠道，一个人就管理了，但现在天猫渠道分旗舰店运营、分销商运营等，京东店分POP店运营、自营店运营、三方店运营等，还新增了抖音、快手、小红书等新媒体渠道，由此又增加了营销团队、视频团队、直播团队等，人员较最初扩充了几十倍，业务内容也发生了翻天覆地的改变。

这时的老员工除了更熟悉公司情况，在业务拓展方面未必比新团队具备更大优势，如果他们在公司仍以前辈自居，没有心胸去接纳新人的优秀，拒绝听取年轻后辈的意见，就很容易掉队，也会降低自己的竞争力,甚至拖团队后腿。

所幸我们公司的老员工都很有自驱力,对新事物的接受程度和推进程度都很快,还能以开放的心态和格局大胆重用年轻人,真诚接纳有能力的新人,让我们的电商事业始终保持战斗力和创新力。

在职场中保持适当的焦虑感很重要,但不要把焦虑感变成焦虑症,否则就会让自己的身心备受摧残。焦虑症往往表现为失眠、脱发,没来由地发脾气,而焦虑感更像是喝小酒,小酌怡情,大醉伤身。长期与焦虑感共存是一种修炼,也是迈向成功的超能力。

那么,我们该如何用好、管理好焦虑呢?

首先,保持良好心态,保持体力。

之前我去看中医,对医生说自己总是乏力、心慌、记忆力差,白发也变多了,医生只问我掉头发吗,我说:"不怎么掉,头发还挺多的。"我说我每天都在忙碌,内心却很少焦虑,这可能是我不怎么掉发的原因。

医生笑了,肯定了我的想法。虽然无意中"凡尔赛"了一下,但我真的感谢自己一直以来保持的乐观心态、激情和自我调节的能力。医生也说,身体健康有活力是抵抗焦虑症的最大力量,保持身体健康,首当其冲就是心态要好,要有极强的抗压力和自愈力。

其次,不断学习,时刻走在行业和市场的前沿。

我分析自己是个安全感相对较强的人,我的安全感不是来自当下的资历和职位,而是不断学习让我的大脑和内心都变得充实。

每天洗漱和上班途中,我都会利用碎片化时间听"得到""混沌大学""36氪"等知识付费类 App 里的前沿信息,除了行业知识,也会了解跨界知识,学习其他的商业模式。随着日积月累,这些知识都能转化成适合自己的工作模式和方法。

公司里有很多"95后"的年轻人,我对他们的兴趣爱好感到好奇。有一次我和两个小伙伴聊天,得知了他们爱玩的游戏,本以为很简单,谁知道实操之后才发现,玩游戏也要研究角色能力、角色匹配的道具武器,还要熟悉整个游戏的地图,更要有团队合作意识和操作能力,不亚于一个小型的团队战略合作现场。游戏刷新了我的认知,看来凡事都不能凭感觉去下结论。

再次,强行抽离,换场景独处和思考。

用外在的方式让自己强行离开工作一段时间,比如周末花一天时间出去玩玩,适当放下手机,刻意不去考虑工作的事情,全身心投入地痛快玩一次,或是沉下心看一本书、游一次泳,出差时在飞机上或酒店里彻底放松一小时,总之将自己与手机强行分离,与繁忙的工作和疲惫的身心暂时告别,给自己一小段真空的疗愈时光。你会发现,就像是手机用久了程序就会变慢,重启一下又能恢复一样,短暂的抽离,就是身心的重启。

这也是我保持焦虑与活力并存的秘密。

永远不要忘记自己的初心

我的家乡在一个小地方,父母都是本分善良的普通工人,上学的时候也没见过什么大世面,每天就是从教室到宿舍两点一线的生活。那时的我并没有什么远大的理想,能做一名播音员或主持人就是我最大的梦想了,而这个梦想也是后期被激发出来的。

初中的时候,石家庄地区举办了一个"落实中学生行为规范"的演讲比赛,作为学生代表,我参加了这次比赛。这个机会要感谢我的班主任也是启蒙老师柳老师,他鼓励我去参赛,并一直指导我如何参赛。

在他的鼓励和辅导下,我居然拿到了一等奖,学校还因此成立了有史以来第一个广播站。这是我第一次被激发出除了学习之外的能力，这次比赛也让我发现了自己的闪光点，从那时起，成为一名播音主持的梦想在我的心里埋下了种子。

"活成自己想要的样子"，这句话听起来有些"鸡汤"，却是很多人内心深处真实的想法。如果我们能为了一个目标全力以赴，努力超越自己便是成事的关键。

其实每个人的梦想都会随着年龄的增长、经历的增多和知识面的扩大而不断变化。变化是一种趋势，是一种必然，我们要做好的是及时调整自己对"欲望"的管理。

大学实习时，我曾给一位女性职业经理人当助理，那时我的心中就冒出了一个新的想法：我要成为一个干练、充实、凭实力为自己打出一片天地的职场女性，拥有自己的团队和事业。

那一刻新的梦想燃起，直至今天我依然为了这个梦想努力，从未懈怠。如今有很多朋友对我说，你已经成为你想要成为的样子了。我很感恩一路走来给我机会的人，成就我的人，我依然会继续前进。

有些人在职场打拼多年，抱怨自己没能成为想要成为的人，把一切归结为各种不公、运气不好，其实想想是我们自己的内心不够强大。无论身处什么时代、什么社会，机会和挑战永远存在，有输也有赢，有人往上走，也有人往下走。当你真正有能力创造更多价值时，你才能拥有更多的选择权。

我来到"倍轻松"的初衷很明确，也很单纯，一方面是看中电商行业的发展前景，另一方面是被"倍轻松"老板马总谦和、低调的态度，以及他眼神中透露出的执着和坚定吸引。转眼十几年过去，我越来越深刻地体会到，做一名有梦想、有情怀的老板，不忘初心十几年如一日地坚持是多么不容易。作为智能便携按摩器的开创者，在寻求商业价值的同时，时刻不忘企业使命，才有了今天的不凡和成功。

公司规模小的时候，要为教育市场不断付出，而这不是每一个品牌和企业家都愿意去做并能做到的事情。"倍轻松"每一款产品的研发，都要经过大量的市场调研，以痛点为导向，从而真正解决用户需求。一款好产品的诞生绝不只是好看、时尚这么表面，而要经过严密的技术开发与反复测试，每一道生产环节、每一个零件都严苛把关，做到绝对安全。既实用，又舒适便携，做好细节，既好用又好看，才是真正的实力派。

"不要走得太远，而忘记了当初为什么出发。"我很庆幸自己寻到了这样一家企业，始终做着影响人类健康的事情，我自己也在这个过程中做了想做的事，成为了想要成为的人，完成了想要完成的梦想。

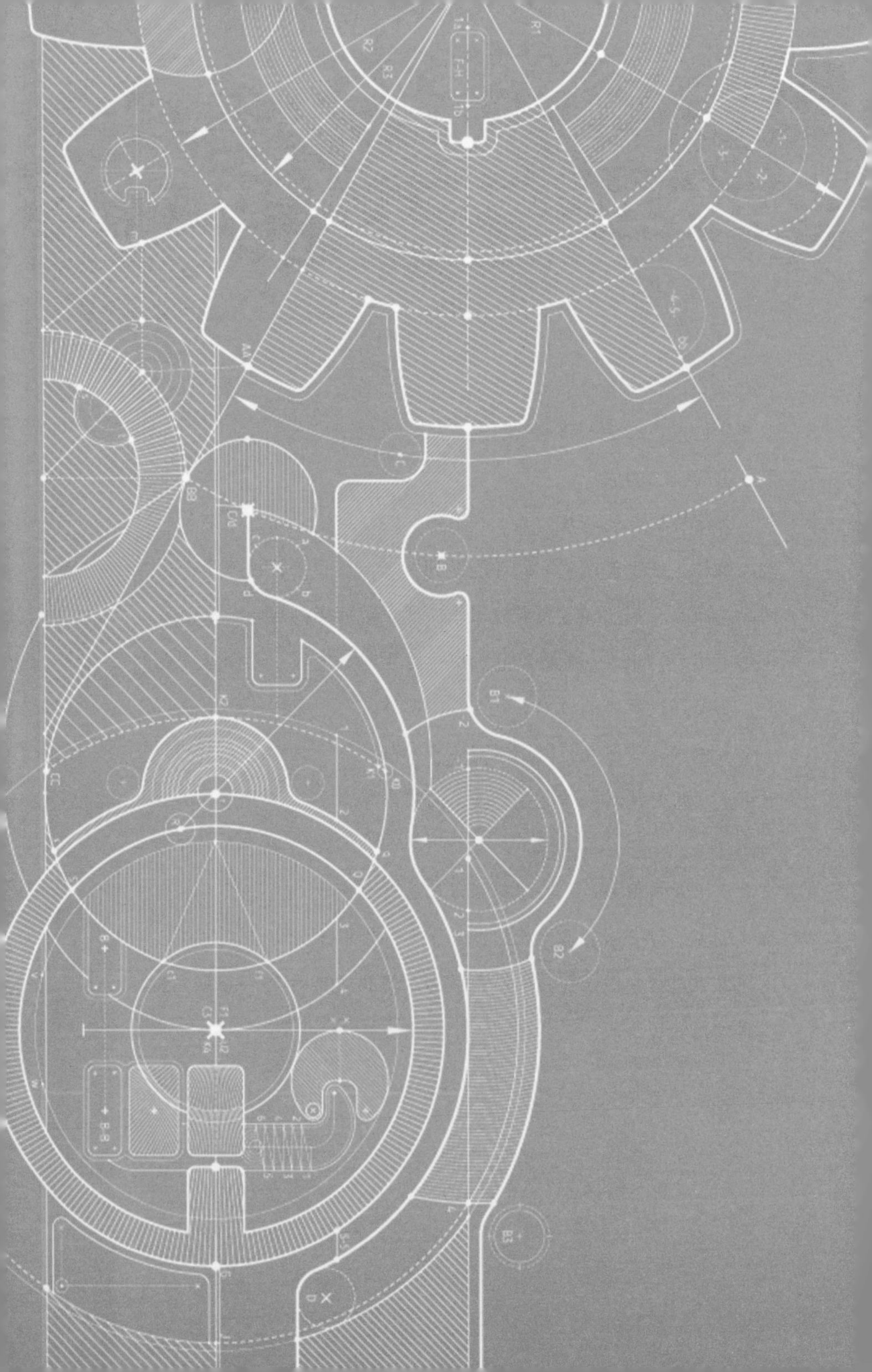

第二章

『享受工作』成长期…
一群人的梦想

感受时代潮水,学会顺势而为

电影《我和我的父辈》中徐峥饰演的鸭先知给我留下了深刻的印象。

鸭先知所在的传统酒厂销路一直难以打开,工人们面临下岗的困境,鸭先知却敢于自掏腰包,拍出了中国历史上第一支广告,他用这种前所未有的方式将积压的白酒销售一空,酒厂品牌的影响力实现了"破圈"增长,还推出了爆款产品。

电影用喜剧的手法展现酒厂的困境和鸭先知的做法,不管是被取笑,还是偷钱拍广告,鸭先知这个人都呈现出一种鸡飞狗跳的喜剧效果。然而我却不太能笑得出来,因为我能感受到鸭先知在创新之路上不被理解、内心没底,却必须扛住所有压力的艰难。

"春江水暖鸭先知",他不仅第一个感受到江水变暖,还能时刻感受到潮水的变化,同时抓住时机、积极应对,这样的人是可敬的。

我的一些同学一直从事文字工作,他们非常巧合地分成了两类人,完美诠释了当潮水袭来之时,被拍在沙滩上和主动改变流向的两种结局。一类人完全不操心未来,为了工作而工作,当纸媒逐渐不景气、销量下滑之时,似乎也看不到他们的焦虑和行动,只是一边抱怨赚不到钱,一边过着一成不变的日子;另一类人比较爱折腾,在自媒体刚流行时就立刻利用自身优势,善于写作的做起了公众号,善于拍摄的做起了视频号,依靠自己的经验和成就,从媒体转型,让副业逐渐变成主业,也因此掘到了时代的第一桶金,进可攻,退可守,拥有了自主选择权。

在职业生涯中,我是个不太愿意放过自己的人,也感受过几次潮水的变化。

第一次,嗅出味道。

2006年,淘宝刚刚兴起,我就尝试在网上买衣服,虽然当时的购物体验和如今无法相比,却也足以让我感到惊喜。于是,我也在淘宝上开了一家小店,卖我自己的旧衣服,当第一件衣服卖出去的时候,一种难言的兴奋涌上心头——这种感觉不是赚了几块钱的开心,而是让我意识到,或许这是下一个商业模式的开端。

随着不断关注和深入了解，我发现整个市场环境似乎逐渐形成了一种新的销售潮流，于是我开始思考这种新的销售方式的优势及未来的发展趋势。

传统的购买方式需要我们走出家门，去商场或卖场购买产品，这种方式在极大程度上受区域、季节等因素的影响。可网络世界不一样，客服人员的一句"亲"仿佛拉近了人与人之间的距离，更没有地域区别和身份限制，哪怕在购买前不断问问题、讨价还价，也不会造成任何心理负担。

网购的一切过程体验都以消费者为中心，买东西这件事变得轻松有趣起来，讨价还价也变成了一种社交，于是与很多第一批加入电商行业的人一样，我预感这将会成为未来主流的消费模式——我想赶上这波浪潮。

于是，我辞去了有着七八年经验的策划总监工作，毫不犹豫地进入互联网购物这种消费模式的行业。

第二次，加入行列。

2007年，电商模式刚刚起步，很多企业还有些排斥线上销售，认为新的模式会打破传统企业固守多年的线下划片分区。而我们可以感受到，网络时代正在加速崛起，电商平台一定会有属于自己的一方天地。

比较幸运的是，在我寻求与各种传统企业合作电商创业的想法屡屡被拒之时，"倍轻松"的董事长马总作出了成立电商部门的前瞻性决策。事实证明，老板的决策极具战略眼光，我们也没有辜负他的信任与期许。

无论何时何地，都要用变化的心态看待趋势，让自己紧跟变化，甚至早于变化，像创业者一样抓住机遇，敢拼、敢尝试，是相当重要的事情。

当我们不断拓展、寻找新的事物，尤其在新的领域，大家同在一条起跑线时，只要你付出努力，就会收获好的结果。

第三次，拥抱变化。

2009—2010年，当天猫商城与淘宝C店分化这一变化来临之际，还闹出了不少商家"面拜"阿里的场面。任何事物与商业都在不断优化、迭代，面对变化，只有拥抱变化、跟上时代，才是关键所在。

"倍轻松"也成为第一批在天猫开店的品牌。任何敢于在早期尝试的人，都会有一些后来者没有的机会，天猫对于首批入驻的商家给予了非常可观的流量支持，"倍轻松"的电商业务也因此逐渐壮大。

第四次，找到突破点。

在2016年之前，有整整8年，电商是没有专供款的，所有产品线上线下都是同款同价，也完全没有参与"6·18""双11"大促、小促的机会。然而随着电商业务的发展，我深切地感受到，由于用户画像不同，电商产品和线下产品需求的不同，没有差异化就很难体现电商的优势。

于是在 2017 年，我们将公司的一个库存产品变成了电商专供产品，在"双 11"当天推出，一下卖出了一万多台，从此转变了大家对电商的理念和认知，从此电商也有了每年规划专供产品的机会和权利。

接下来需要快速发展，一是借了京东的力，我们为京东提供独家专供产品，换取有力的站内推荐；二是借了天猫的力，在 2019 年，我们第一次联合天猫推出了战略产品，即天猫精灵款的眼部按摩器，"双 11"获得销售额、销量第一的"双销冠"，再次实现单日破万销量的好成绩。通过这两次借力，"倍轻松"和京东、天猫两大平台的合作关系被拉到了战略合作的层面，不仅实现了利润增长，品牌影响力也得到了大幅提升。

感知浪潮的变化并付诸行动，能够解锁巨大的机会，相反，就只能眼睁睁地看着自己被潮水席卷、淹没，拍在沙滩上。

希望我们每个人都能持续关注变化，分析变化，借势且顺势而为，长期保持战斗的状态。

从 0 到 1：先求生，再求赞

电视剧《人世间》里的郑娟，是让周秉坤魂牵梦绕的人，她看似柔弱，却像水一般有着顽强不屈的生命力。尤其在周秉坤入狱的那些年，为了维持家庭的生计，她做着力所能及的事情，目的只有一个：活下去。终于她迎来了"守得云开见月明"的时刻，也成为周家不可或缺的主心骨。

生活中也有无数像郑娟一样的人，他们咬紧牙关，直面残酷的环境，就算遇到再大的困难，内心装着再多的苦，也从不在人前展现愁容，而是积极想办法解决问题。

我也经历过初建团队时的艰辛，深知在拓展新业务领域时，若面对的是一个长期型的项目，在短期内是很难见到成效的，这就要求团队内的所有人熬过漫长且充满未知的阶段。失眠已是家常便饭，还要逼自己在本子上写下：我最害怕的是什么？我最想要的是什么？然后列出清单和解决方案。经过不断梳理逻辑，完善闭环思维，哪怕内心焦虑得发狂，恨不能让团队加班加点推进业务，迅速见到成效，表面却仍要维持从容优雅、不疾不徐的状态。

这让我想起一禅小和尚说过的一句扎心的话：你总说没事，但我知道你偷偷哭过很多次。

17年前当我进入"倍轻松"时，电商事业部还只是一个想法，没有一兵一卒，没有成形的业务模式，一切都在摸索和开拓中。当然，线下业务销售模式经历了七八年的打磨已日趋成熟，收益也较稳定，在如此大环境下，想要开拓一种新的渠道，没有任何成功案例可供参考，这种不确定性让我几近崩溃。

提到艰难困苦，很多人会想起西天取经或愚公移山的故事，然而很多时候，艰难和困苦不是一件事。

于唐僧师徒而言，真经就藏在西天，只要克服路上的艰难险阻，到达目的地就能获得，这是所有人的共识。于愚公而言，只要一铲子一铲子挖，子子孙孙无穷匮也，山肯定是能被移走的，这也是所有人的共识。而面对职场，确定性才是团队的共识，也是最大的机会和动力。

一件事从无到有，从0到1，没有论据，没有说服力，只能自己确定目标，制定实施方案，一步步去实现，让别人看到具象的样子，才有可能被接受、被鼓励。

这个从 0 到 1 的过程极其痛苦,需要一遍遍完善业务闭环,一遍遍和团队调整业务细节,一遍遍和老板、伙伴达成共识,一遍遍和客户、渠道阐述品牌构想……这个过程会产生诸多挫败感,而这种挫败感不是安慰或鼓励能够缓解的。

解决办法只有一个,正如电视剧《安家》里房似锦说的:"开一单就好了。"对我和团队而言,从网上把产品卖出去,让销售业绩追上线下店,一切就都能被治愈,这就是从 0 到 1 的力量。

而这个过程,我们用了整整 10 年。

还记得 2017 年,"倍轻松"成立 17 年,电商事业部成立 10 年,我们终于和线下零售业务同时突破营业额 1 亿元的大关,那一刻,我和团队的伙伴们抱在一起,热泪盈眶。泪水中包含了这 10 年来经历的所有辛酸和努力、委屈与倔强,也包含了每一次心碎之后的自愈与坚强!

在电商事业部成立之初,我和团队就为了一个目标暗暗努力,那就是希望证明每一个人的能力,证明团队的价值。我们坚信,终有一天,电商会成为公司愿意信赖的那个部门。

一路走来,我们摸爬滚打,披荆斩棘,用了 8 年时间去沉淀、摸索、壮大团队,终于在 2016 年,用一个单品在"双 11"当天实现了破万台的小跨越。而在 2017 年,电商也与线下同时各自突破了 1 亿销售额,真正实现了从 0 到 1,又从 1 到亿的转折!

这个里程碑意义的突破,给了我们莫大的鼓励和信心,抱在一起庆祝的时候，我看到大家激动的笑脸和闪着泪光的眼睛，深深感受到了一股莫名的力量，只可意会，不可言传，如同被打通了任督二脉——团队的凝聚力更强了，大家对未来也更有信心了。

在当年的团建中，我定下了从 1 亿到 5 亿的销售额目标和经营规划，我们只用了两年时间就实现了。而后的每一步也都按照既定的目标推进，直到 2021 年，电商 GMV 突破了 10 亿，实现了更大的飞跃。

2021 年的年会上，回顾这些数字让我感慨万千，不由得总结了 6 个字：先求生，再求赞。

从 0 到 1 的过程漫长而艰辛，我们首要的任务是活下来。只有先活下来，站稳脚跟，才能考虑如何活得好看、站姿漂亮。

挣扎存活的过程不可能光鲜体面。这些年所有的"6·18""双11"，大家不管有没有成家，都通宵守在电脑前，实在熬不住了，就直接躺在办公室的地上睡一会儿，被子都没得盖。

就这样，我们顽强地活了下来。我们的团队一起打下了"倍轻松"电商事业部的基础，兑现了一个又一个承诺，创造了一个又一个奇迹，获得了一个又一个奖项，比如和天猫合作的天猫精灵竞争合作奖，以及持续 4 年都在京东类目第一，获得的京东销售年度贡献奖，为公司和品牌赢得了荣誉和口碑。

回看近些年的变化，按摩器行业 TOP10 的品牌可谓新秀辈出，但"倍轻松"依然按照自己的节奏不断成长。一切过往，皆为序章,我们在振奋的同时更加不敢懈怠。

置身于市场激流中,现实往往是不进则退,所以我们深知,从 1 到 10、从 10 到 100,每一道关卡只会更难,挑战更大,但我们依然有信心凭借实力,勇往直前。

从 1 到 10：先找优势，再补短板

2021年5月底的一天，我的微信被朋友们轮番轰炸：

"啊啊啊，你们竟然请了 XX 做代言！"

"你们有代言人了，竟然还是顶流！"

"XX 同款还有没有？给我留一个！"

……

是的，"倍轻松"低调发展了 21 年，终于有代言人了。确定代言人之后，公司全员充满了前所未有的激情，可以用 8 个字形容：蓄势待发，所向披靡。当年 4 月确定了和明星的合作方案，马上投入各项拍摄工作，5 月底就官宣了。

这波操作可谓风驰电掣。有个网友评论很有意思，说"倍轻

松"就像是一个观棋不语的老棋手突然被叫醒,抬手扔出一波王炸,但关注焦点又很快回归到产品研发的创新上。

请明星代言确实是"倍轻松"在 2021 年做的一件大事,但这并非突发奇想,而是经过了缜密的考量和评估,从而布局的一步。

2017 年,我们的电商事业部突破了 1 亿的销售额;2018 年销售额实现翻倍;2019 年,"倍轻松"与阿里巴巴联合定制眼部按摩器,打造了首发当天便超过"双 11"销售额和销售量的"双销冠",同年"倍轻松"的电商销售额突破了 3 亿。

2020 年,我们实现了线上销售单品破亿的业绩,打造出"破圈"的火车头产品,同年电商销售额超过 5 亿——数字背后得益于很多明星和网红对"倍轻松"产品的喜爱,大家愿意为产品直播带货,才让"倍轻松"品效双收,从此开启了属于"倍轻松"的品牌之路。

2017—2021 年的 4 年间,团队士气大涨,信心倍增,但我知道,正如武术中讲的突破境界一样,越往上越难突破,哪怕是闭关修炼多年也只能前进分毫,甚至还有很多人终生止步于某个阶段。

"倍轻松"的发展也是如此,从 1 到 2 到 5 的突破,还能依靠自身优势,或是依靠惯性和努力,但从 5 到 10 的进阶,必须有新的动力加入,必须补足我们的短板,在重视不足的前提下,聚焦核心优势,做到万箭齐发,从而产生核变。

于是我问了自己几个问题：

电商事业部创立以来，我们做对了什么、做错了什么？

我们的短板是什么？

要想保持持续增长，我们需要突破的又是什么？

我总结了一下，做对的事情有三个关键点：

第一，始终不离"产品是核心"。2018年，布局IOT（物联网）产品；2019年，我们在天猫平台的销售额增长了90%以上，单个爆品的销售额过亿。

第二，紧跟"商业潮流"，布局网红直播品。我们与很多优秀的主播合作，签订了深度绑定合作关系。

第三，立体式"布局渠道"。"倍轻松"和任何一个同类目品牌相比，最大的优势除了产品力，还有线下直营门店，可以将服务传递到用户心里，将专业刻在用户脑海里。

做错的事情，主要体现在人才储备上，因为一味追求人均产出，从而忽视了梯队培养与人才储备，这会让后续快速增长阶段尤感乏力。

我们的不足是什么？

也有三个关键点：

第一是新品定义，第二是分销店铺，第三是营销。

关于新品定义，我们做了一系列的市场调研，发现很多受访者提供的反馈是，"倍轻松"的产品气质像是一个老干部，高端、厚重、专业，能够解决问题，性能好且实用，但外观不够时尚，不太符合年轻人的审美。于是我们从消费场景、产品设计、价值定位三方面来重构需求。

关于分销店铺的解决方案，我在其他文章里有详细解说，在这里就不赘述了。

关于营销，这确实是我们之前比较薄弱的环节，甚至可以说，在过去的10年里，我们没有做过的动作就是品牌营销。然而我们看到了品牌营销带来的惊人效果，很多品牌依托强大的营销能力，请顶流代言加上渠道推动，官宣当天就实现了单品爆破。

而我们呢？

我们是一家重研发、重创新、依靠产品驱动的公司，然而互联网时代风起云涌，看到变化就意味着看到了时机，于是我们立即启动，将公司品牌与电商营销部结合，制定营销方案，力争做出"倍轻松"的品牌影响力。

可喜的是，我们的这一步走对了，品牌营销带来的影响力是巨大的，不仅让"倍轻松"的品牌影响"破圈"，也带来了实打实的销量。2021年，我们顺利完成了GMV（商品交易总额）10亿以上的目标，从5到10的这个台阶，我们已经迈上来了。

更有意义的是，在发展中学习，在实践中成长。每一年我们都在原有优势的基础上不断补齐短板，爆发出更大的战斗力，团队士气亦与日俱增。

"产品"是根本,也是底气

身处信息化时代,很多交流方式并未改变,比如我们和闺蜜在一起聊天,以前会说:"你这件衣服好漂亮,在哪里买的?""在XX店(线下实体店)。"

现在可能会说:"我把链接发给你。"

相同点是,好东西依然会分享,依然求推荐,只是购买的渠道变了。

因此,朋友推荐一直是做产品口碑营销的重要方式,而朋友会推荐什么样的产品呢?一定是他们试过之后认为好的产品。

有段时间我的身体不太舒服,有个朋友便给我推荐了一位中医,说那位中医非常厉害,千叮咛万嘱咐要我一定去看看。我去了，果然不凡，吃了那位医生开的药才两周，整个身心状态就好了许多。我对朋友表示感谢，他也觉得开心——分享对别人有用的资源，这就是价值，也是体面。而且，能让朋友自发推荐的绝对不是产品的广告有多好，营销有多到位，而是产品本身确实好，确实有效，这就是产品力。

前面说过在工作中选择赛道的问题，其实我们在找工作时，除了要尽量选择有发展潜力的行业，还要选择这个行业中更能做出"硬核"产品的公司。无论到什么时候，好产品、好东西始终是根本，有了这个核心，才有我们施展的空间。

说句"凡尔赛"的话，"倍轻松"的产品拥有很多二次购买的老客户，大家用过之后会推荐给亲友，或是自己再次购买送给亲友，甚至有明星购买之后作为新年礼物送给朋友和粉丝，这些就是产品力的底气带来的后续影响力。

"倍轻松"作为眼部按摩器、头部按摩器等品类的开创者和引领者，对产品的研发、品控等，一直以高于行业的标准严格要求自己，这也是我长期待在这家公司的原因之一，让我在17年来以类创业的态度"燃烧"自己，将一份打工的职业作为自己的事业去全身心投入。

作为一家负责任的企业，每一个新品的诞生，都需要经历几个阶段。

1. 用户洞察

找到用户的真实需求去做一件产品，去做产品定义。

在一次市场调研的沙龙中，我们采访了一些参与者，问他们戴眼镜的最大烦恼是什么，总结下来基本是：冬天一进门眼镜片就被覆盖了哈气，什么都看不清楚；运动的时候不方便；戴眼镜时间长了眼球会突出，戴隐形眼镜时间久了眼睛会干涩。包括一些长期用眼但不近视的人，大家的烦恼都是每天与手机、电脑相伴，用眼过度导致眼睛疲劳。

这些或许就是互联网时代的无奈了，更是许多家长的痛点——担心孩子养成不好的用眼习惯，早早便近视了。

除了以上接地气的实用需求，女性受访者还有很多关于美丽的需求，诸如黑眼圈、眼袋、鱼尾纹让自己颇为烦恼。

针对不同人群的不同问题，我进行了产品细分，完成了第一步的用户洞察。

2. 验证需求

当新品定义出来之后，还有一系列环节，如邀请专家测试、去专业机构测试等，从而验证这些需求到底是真需求，还是伪需求，我们的产品是否可以真正解决用户的问题，产品背后的理论依据是否过硬。

3. 行业标准

专业会给人带来安全感。专业不仅是一种态度、一句口号，更需要一些评判标准。

比如同样是硅胶制品，有些产品用的是食品级的硅胶，例如小朋友吃饭用的碗、勺的材质，是可以入口的，但有些产品用的是树脂的材质，可能对大多数人来说没什么问题，但造成的过敏概率会比食品级硅胶高很多。

再比如按摩器中的加热片，铜的成本较高，但其耐热和散热性能都对人体更安全，而一些品牌用的加热片是铝片，价格会便宜很多，但安全性也会降低。

还有噪音的问题。市面上的眼部按摩器都会有噪音，不少人在网上吐槽，但这确实是全行业尚未攻克的难题。由于眼部按摩器就戴在我们的耳朵边，所以稍有响动都会听得很清楚，想要做到完全静音几乎是不可能的。

可以说，目前在整个行业的同一品类中（包括同一原理中），"倍轻松"的噪音应该是分贝最低的。

正是对每一个产品细节的高标准严要求，才让我们有了一个又一个广受用户好评的拳头产品。

专业往往体现在细节之中。专业的知识，专业的流程，专业的服务，专业的沟通，专业的标准等，层层把关之后的产品才是专业的，才更具有强大的产品力。

打造"少年感"团队

在工作中让我感到挫败的时刻,几乎都和人有关。

刚开始组建电商团队时,招不到优秀的人才,好不容易把人才培养出来,没多久对方又离职了。那段时间,人员流动性大是我的噩梦。

由于人员不稳定,总是处在交接和磨合之中,团队战斗力自然就弱。如何增加团队的稳定性,是我每天都要琢磨的事情。

职场不是擂台赛,而是战场,神勇如关羽、赵云,也不能以一敌百,而需要排兵布阵;短期靠智力,中期靠毅力,长期靠的则是团队的凝聚力和战斗力。

更何况如今的工作越来越复杂,越来越细分,专业壁垒不断增加，想取胜，仅靠一个人的力量根本无法解决——无论你有多少想法，最终还是要靠团队实现。要想业务得到更快更好的发展，团队"能打"是迈向成功的关键。

我特别注重团队氛围的营造，"能打"的团队中，每个人都很有积极性，热情高涨，反应速度快，执行能力强，这样的团队才有锐气，也就是"少年气"。

所幸，我的团队渐渐具备了这些属性，始终带有"少年感"。

2016 年，微商盛行的阶段，"倍轻松"作为传统品牌，电商业务发展越来越快，但并未涉足微商。同一时期，有一家完全不知名的品牌却快速贴牌，主打微商渠道，发展极为迅速。那年在广州举办了一场微商展会，我们也决定去参加，看一看销售模式的变化——当一波浪潮席卷而来，我们要了解市场正在发生什么，同行正在做什么，正所谓"先得知，再认知，最后做决策"。作为部门的领导者，一定要具备敏锐的洞察力和不断探索新型业务模式的能力。

当时我们整个电商事业部只有 50 多人，平均年龄在 25 岁左右，展会去了 8 个人，第一天就让我们感到一丝意外。"倍轻松"的展区对面就是我们的竞争对手，后来我们向展会组织方了解到，他们的展区本不在那里，但看见我们的展位后，特意换到了我们的对面，准备唱对台戏。

而我们是按照机场、高铁布展标准布置的展位，自我感觉比较高端，但跟对面的展位相比完全不是一种风格。很多人冲着我们"倍轻松"的品牌而来，纷纷试用，然而几乎没什么转化。由于我们没有做微商的经验，只把展会当成是一次品牌展览和线下体验，为每一个来到展位的人做起了服务工作。

可对面的竞争对手目的性非常强，他们瞅准了每一个从我们这里出来的人，直接拉到他们的展位进行推销，还有一些人半路被拦截……这样的场景显然不符合"倍轻松"的风格，以至于我们的小伙伴都惊呆了，还可以这样抢人吗？

看着对面公司如狼似虎的状态，我们的小伙伴在半天的蒙圈之后，心中的火焰还是被点燃了——不就是抢人吗？我们也会！

于是整个下午，敌我双方都处在你争我抢的氛围中，小伙伴们一改最初的端庄范儿，推销起来完全不在话下，何况还具备专业精神。不料，到了4点来钟，对面突然放出"大招"，他们叫来了一群阿姨，穿着白衬衫黑西服，涂着大红唇，喊着口号绕场循环。

这次我们不仅是惊呆，简直是震惊了！

可以看出我们两个品牌完全不是一种风格，跟风显然不符合我们的品牌调性，可就这样认输，小伙伴们也不甘心。

闭展后，小伙伴们没有回去休息，而是找到一家图文设计店做了横幅和举牌，并通过当地曾经合作过的兼职宣传员，找到了十几名大学生，请他们第二天去会展帮忙。

忙活完去吃饭，我让大家点餐，可没有一个人搭理我，而是围坐在一起商量第二天的计划，如何站位，如何喊口号，如何分工，如何促进转等。大家只说了一句话："不安排明白，饭也吃不下！"就这样，大家做好了规划和布局，准备投入第二天的战斗。

第二天早上7点，大家各就各位，展位中的8个小伙伴，加上临时招来的大学生，组成了一个青春洋溢、活力四射的"少年团"。气势出来了，也没有丢失品牌调性，氛围越来越热，迎来了一个小小的胜利。

当天，我们的现场成交额远远高于对面的公司，大家非常开心，有人提议去骑共享单车。我们在绚烂的夕阳下，在宽阔的马路边，踩着单车一路飞驰，充满了欢声笑语。这一幕深深地印在了我的脑海中，至今想来，仍然心潮澎湃。

那种天不怕地不怕的感觉，可能就是团队的"少年感"吧——目标一致，全力以赴，见招拆招，永不退缩。无论何时，大家心中都有一个共同的信仰，集体的荣誉感在血液中流淌，随时应战，勇争第一。

那么，如何让你的团队更有"少年气"呢？

以下内容不仅写给团队的领导者，也写给不同角色的人，让自己保留"少年气"，你的团队就多了一份"少年气"，身在这样一个团队，肯定比置身于一个习惯推诿、不懂协作、关键时刻掉链子的油腻团队，要舒服得多。

1. 相信老板画的"饼"

因为相信，所以简单；因为相信，所以看见。每一个老板都有强大的信念，笃信自己的业务模型、发展前景、价值观、品牌文化等是正确的，比如我们的老板就经常把"做对人类健康有影响力的事，扎扎实实做出好产品"挂在嘴边。于他而言，这绝不是一句口号，而是做企业的初心和动力，他希望每一个加入"倍轻松"的人都能认同并践行这一理念。事实上，每一个被他感染而坚信这句话的人，都成了"倍轻松"的坚实力量。

老板之所以能成为老板，自然有他的高明之处。你一旦相信了，就会发现很多事情变得不一样了，你的逻辑、思维、项目进展或许都会发生改变，重要的是，你可能会多一份归属感，更有了同理心和责任感。

2. 有认同感

每个人可能都不喜欢被质疑，而是喜欢被认同。所以，一个团队最让人感到舒服的氛围就是每个人都得到了认同：我在这里有着不可或缺的价值，大家都需要我，就算遇到困难和挑战，我们一起去面对，一定能成功。

这种认同感里，"我们"的立场很重要，不是你要配合我、我要配合你，而是我们要一起去搞定一件事。

我的团队里有很多在职五年以上甚至十几年的老员工，几乎每年都有竞争对手以双倍的薪资来挖人，但直到我写这篇文章时，他们还没走，为什么呢？

这就是认同感带来的确定性。认同是彼此的，你认同他们的贡献、价值、努力、能力,他们就认同你的目标、风格、企业的理念、价值观,要给团队成员希望,让每个努力的人都有机会实现目标,让大家觉得我们所处的就是一个有希望的行业,未来也将是行业内最好的公司。同时,要共同制定目标,这个目标是每个人经过仔细核算报上来的,在后面的执行过程中,我会时刻强调,我们是一个整体,分工是为了解决不同环节中存在的问题。这样一来,认同感便增强了,实现目标就成为大家共同的心愿。

让团队成员觉得自己是有价值的,每个人都能有更大的成长空间,就可以完成更大的目标,心怀更大的希望。

3. 有参与感

雷军写过一本名为《参与感》的书,里面的一些观点着实令人佩服。

他说,把团队的潭水搅动起来,让每个人都觉得参与其中,每个人都主动贡献力量。

随着团队的壮大,很容易出现沟通断层的情况,即高层疲惫、中层麻木、基层盲目。很多时候,由于企业高层接触的资源和视野不同,会有更多新的思路和逻辑,但团队躯体笨重,难以快速响应,所以总感觉累;中层认为领导朝令夕改,变来变去,难以实施,时间久了难免麻木;基层员工更是抱着"与我何干"的心态,只做手头的事,拿工资了事。这样的团队战斗力不会强。

我希望团队里分工明确,每个人有不同的角色,具体工作根据角色自驱力分工协作，而不是听领导安排，一级一级传达。

总之，要让每个人都参与其中，都感到被需要，及时肯定每个人的付出，这样才能更好地协作，团队也才更有战斗力。

4. 有制度，也有温度

良性的团队一定会有科学的流程规范，大家在这个看得见的流程里，通过高度协作来运转。但只靠流程规范的团队一定不是最高效、最具凝聚力的，在制度之上还要有人情，人情能让团队更有温度，情感的建立往往比铁律的框架更为牢固。

我们的团队有一个小传统，每到年底会让大家写下第二年的目标和梦想，有人写"升职加薪"，有人写"减肥成功"，也有人写"希望自己接下来的一年能够沉下心，把团队带出来，让每个项目的结果都超过预期""提升个人能力，让自己有更好的选择和上升空间""为自己永远有价值做好准备"……

写目标和梦想的目的在于"交心"，建立了解每个人内心途径的桥梁，到了第二年的年底，我们会一起拆开上一年写的纸条，看看是否兑现。

这个小活动持续了好几年，至今仍是每年年底的保留项目，大家互相鼓励，为了来年的小目标做出努力，这是一个温暖的过程。

5. 公平公正，真诚待人

为爱发电固然伟大，但我希望能满足团队中每个人更为真实的需求。

在不同阶段，每个人都会有自己的责任和需求。刚毕业的员工可能只想要一份稳定的工作养活自己，工作两年后，需求可能变成在工作中实现成长和提升，能够为恋爱、婚姻承担开支，再往后就是买房买车，面临上有老下有小的生活……

当我真正了解这些需求后，就可以合理调动每个人的积极性，在管理中切记公平公正、真诚待人，如此，团队才能稳定长久、激情满满。

"羊群"需要一头"狼"

把自己当成创业者的十多年，我越来越认可一个观点：

一个部门或者一家公司，往往都是从"一个人"成长为"一群人"，再从"一群人"凝聚成"一个人"。团队规模尚小的时候，大家都希望做大规模，做大团队，做大影响力；当团队壮大之后，大家就希望团队拥有共同的价值观，共同的目标感，共同的行动力，完成一个又一个共同的事情。

不可避免的，从"一个人"到"一群人"再到"一个人"的过程中，会涌现出各种各样的问题。如价值观不一致，工作方法不一致，目标不一致等。其实，除了三观不合这种根本性的问题，其他的都可以想办法解决，甚至提前规避。

我比较看重的是团队的氛围，用网络中的话说，就是把氛围感拉满，在团队中营造一种良性竞争的氛围。

谁的心中没有一把火呢？谁又没点好胜心呢？如果能激发出每个人的好胜心，让每个人的肾上腺素活跃起来，团队就能保持年轻的状态。这就需要团队领头人设计一些竞争和激励机制，适当的时候，可以在羊群中投放进一头狼，或是让鲇鱼进入到沙丁鱼群中，聚焦在正向的竞争中。

1. 良性 PK（竞争）营造适当的危机感

"倍轻松"电商团队的这个过程是自然生长的。团队刚开始起步时，我们是扁平化管理，体现的是公平。以运营岗位为例，你做京东，他做天猫，他做唯品会，他做拼多多，大家都是运营，不存在谁高谁低，公司倾注的资源和业务考核也都一样。

然而随着时间的流逝，你会发现每个人的运营能力都不一样。比如同样的起步基础，天猫运营一年才做 500 万元的销售额，京东运营却能做 2000 万元的销售额。如果同量级的平台出现了如此悬殊的情况，就要考虑是不是两个运营人员的能力不一样。慢慢地，让能力强的人从管一个平台到管多个平台，让能力弱一点的人聚集全部精力在一个平台上。

这就需要设置各种赛马机制，激励强者，善用平者，在尽可能公平公正的前提下，让大家燃起斗志，心服口服。

如何比拼？我们不按照销售额的绝对值来比拼，因为每个平台的量级不一样，销售额的水平肯定不一样，因此我们按增长率来衡量。比如这个平台是 100 万的销售额，那个平台是 1000 万的销售额，明年都要求增长 10%，基础不同，但系数相同，做到相对公平。

销售数据最能直观体现一个员工的能力，就像上学时每次考试公布分数一样，分数高低能在一定程度上表明你是学霸还是学渣。但评判不可能是单一维度，让每个人都有机会成为优秀者，就需要烘托团队竞争氛围，也需要营造一点危机感。

一个团队如果没有危机感，一定不会太优秀。人的本性是喜欢舒服，习惯懒惰的，没人会平白无故地喜欢劳累，但在职场中，我们要做奔跑的马，而不能做树懒，因此不断参赛且赢得比赛是我们的使命。

360 度评分制就是其中一种评优方式，一年两次，分为 ABCD 四级，通过员工自评、同事互评、领导评分等，从不同维度设置评判标准，每个级别有不同的评分比例，结果是非常直观的，也成为员工晋升、调薪、调岗与淘汰的重要依据。

对评分为 D 级的员工，第一次我们会深度沟通找出问题，帮助解决；第二次还是 D 级就要降薪；如果第三次评分依然是 D 级，只能淘汰。

2. 背靠背信任，相互支持，相互成就

不过，激发竞争机制和危机感并不是目的，目的是把这种良性竞争转化为凝聚力和战斗力。

京东运营团队和天猫运营团队，不可避免地会存在竞争关系，这两大平台本身也在竞争，我们自己的团队也因为责任不同，在完成部门共同目标的过程中相爱相杀。

记得2017年以前，我们在天猫的体量还很小，所以各平台之间也很少打架。但是2017年之后，天猫平台突然经历了一系列调整，不仅有其自身的调整，还有我们在其平台的布局和运营。从此之后，每年都实现几乎翻倍的销售额增长，这样的增长背后也影响到了平台之间的控比考核，团队之间势必出现竞争关系。

每年"双11"都是我们"打仗"的日子，用"甩开膀子玩命干"比喻也不为过。2017年之后，这种状态愈加明显。我还记得2019年的"双11"，我第一次体会到京东、天猫两大运营团队间的激烈竞争，团队原有的和谐也因此被打破，甚至还有个年轻的小伙伴哭着说打完"双11"他就去辞职的话。

"战役"之后，我们的京东运营团队和天猫运营团队在接下来的一段时间里是互斥的，他们像两支球队一样，为了各自的利益和荣誉而战，谁也不服谁。

这是我最不愿意看到的。竞争虽好，但这种竞争变了味，看起来似乎增加了两个小团队内部各自的凝聚力，实际上对整个大团队而言是不利的、分裂的。

于是我们组织了复盘会，其中的一个重点就是针对此次"双11"，看看发生了哪些冲突，出现最多的问题是什么，主要原因是什么，该如何避免。

打开话题之后，大家畅所欲言。

后来得出的结论是，大家太"入戏"了，反而忘记了自己本身的归属应该是"倍轻松"这个品牌。两大平台的竞争是我们无法评判和左右的，他们看重我们，对我们来说是好事，但我们不能站在对立的阵营相互倾轧。我们是一个品牌，是一个团队，有共同的目标和整体的利益，我们不是零和游戏，不是某一个平台的销售额多了就赢了，而是每一个平台的销售额都达标，我们的电商事业部才能完成总目标。

如果只看到小团队的利益，完成了自己团队的销售目标，却损害了其他团队的利益，比如利用降价、促销等手段导致其他平台无法完成销售目标，最终会导致我们整个团队的年度KPI（绩效）无法完成。所以，我们内部不应该对抗，而应该抱团。

道理讲明白了，大家都有所反思，在这之后，小团队的竞争依然存在，争吵也时有发生。但对事不对人，过嘴不过心，每次"大战"之前，大家沟通最多的不是为自己的平台争取降价，而是讨论控价体系。

每个团队都有自己的气质，我希望团队永远充满斗志和活力，在必要时向"羊群"投放一头"狼"，这头"狼"不一定是某一个人，也可能是某种规则、考核标准。不要怕团队躁起来，出现问题不可怕，说明事情一直在推进，只要有一股冲劲儿，有问题就会有办法，也会有新的结果、新的局面、新的希望。

先搞清对手，再搞定对手

上一篇说到团队内部竞争的话题，我是鼓励竞争的，我喜欢热血的、燃劲十足的团队，良性竞争的氛围必不可少。

既然是竞争，就不仅是内部竞争，还有外部竞争。如果说内部竞争是激烈的，是燃的，那么外部竞争就是残酷的，是真刀真枪的。

举个好理解的例子，大家都看过电视剧《甄嬛传》，经常用里面的人物关系类比职场中的人物关系。比如，甄嬛、眉庄、安陵容都是背负着各自家族的利益进入后宫的，本身就存在"竞争"关系，可是面对强大的皇后、跋扈的华妃两大势力集团时，三个人则需要抱团，暂时摒弃内部竞争，一致对外，才能保证自己在后宫生存下去。

比如逛商场时我们会发现,往往美妆集中在一层,美食集中在一层,衣服集中在一层,儿童玩具集中在一层,这些商户之间存在的是直接的竞争。但到了我们肚子饿想吃东西的时候,选了火锅就不会选牛排,选了串吧就不会选烧烤,如果细分起来,老北京涮羊肉和四川火锅、云南香草火锅开在一起,麦当劳和肯德基开在一起,星巴克和咖世家(Costa)开在一起……你会怎么选?这才是白热化的竞争。

每一个逐渐成长起来的品牌都会遇到一个问题:竞争对手很强怎么办?

以"倍轻松"为例,在发展的近20年时间里,健康类产品都属于冷门行业、非必需行业,因此竞争对手也没有那么多。然而随着大众对健康生活的关注,越来越多的人开始把目光放在健康类产品上。

"倍轻松"也在用20年的时间慢慢培养自己这个品类的市场。比如,之前我们眼睛不舒服时,可能想到的解决办法就是滴眼药水、闭目养神,但"倍轻松"一直在引导受众——眼睛不舒服了可以按摩一下,就像我们去美容院做SPA时按摩眼睛一样,缓解眼疲劳的效果可能更好。很多人不懂穴位,不会按摩,"倍轻松"的眼部按摩仪则可以做到,按摩5—10分钟,眼睛就可以恢复到一个相对舒服的状态,这可比自己按摩专业,比去美容院便捷、实惠多了,更适合日常使用。

当理念和产品慢慢被更多人接受,这个品类的市场也相对成熟了,随之而来的就是涌现出一批竞争对手。

竞争对手可以分为两类。

一类是比较大的品牌。其实这时我们是不慌的,毕竟大品牌影响力大,产品质量也比较好,我们可以一起培养这个市场,把声量做大,把体量做大,辐射更多的用户,整体的蛋糕盘子会更大,而且每个品牌都有自己的底线,不会轻易越线,这属于良性竞争。

另一类是短期谋划的新品牌,他们的目的就是收割市场,而不是共同把蛋糕做大,有些公司甚至把仪器买回去,拆机研究一番就直接复制了。他们在意的是外在的复制速度,而不是真正的好产品本身。由于没有多年的积淀和研制测试等环节的成本,他们做出来的产品整体成本低,售价也会低很多,但是关乎眼部健康的仪器,一定要符合国家规定的各项标准,一丝都马虎不得。这样的竞争就属于恶性竞争,会破坏市场和行业。

在面对非良性的竞争对手时,我们在技术、品质、体验度、售后等方面很有信心,但对方却有一个撒手锏,就是价格便宜。对普通用户来说,这是最直观有效的刺激消费的手段。

面对价格战,首要原则就是挺住,坚持高品质,坚持技术创新。中高端的产品定位不能随便更改,产品品质是我们的核心优势,这个不能丢。保持这些方面的同时,去掉产品的一些非必需功能，把价格降下来，作为引流品，丰富自身产品层次，从而适合不同价格需求的用户。

不可否认，不管是大厂，还是小公司，攻城略地时都会使出浑身解数，毫不含糊。对此，我们也没怕过，因为我们坚信：用最开放的心态，可以应对一切市场变化。

我们是竞争对手，但不是敌人，就像综艺节目《这，就是街舞》中，舞者们在较量时全力以赴，是一种竞技精神，也是对对手的尊重。双方越是寸土不让，比赛越淋漓尽致，呈现出的效果就越精彩，节目影响就越大，于是吸引越来越多的人关注街舞、欣赏街舞，甚至让孩子学习街舞，街舞这种小众文化就这样"破圈"了——我就是被辐射到的圈外一员。

只有共同去培养市场，市场的盘子才会变大，只有各自不断更新迭代，才能有更好、更新的技术和产品出现，这才是良性竞争的意义所在。

事业瓶颈期：如何带领团队"二次创业"

2020年，世界被按下了"暂停键"。

全球经济、社会大环境、各企事业单位，甚至每一个人都被笼罩在迷茫和焦虑的情绪之中，很多公司来不及思考，便破产关停了；很多人来不及准备，便失业离职了。那时候的"倍轻松"集团，正处在上市指导期，业务增长几乎没受影响，每个岗位上的每个人都在尽心尽力完成各自的目标，因此从某种角度来说，那时的我们是有一些"钝感力"的。

当供应链和销售渠道有问题显现的时候，我们意识到，能否上市取决于我们的经营结果，不管大环境如何，我们都不能受其影响，否则会功亏一篑。

焦虑情绪是会传染的。那时，我对团队说，无论外界如何，我们自己的士气不能颓；我对自己说，就算夜晚在失眠中度过，第二天也要化好妆，穿上高跟鞋，一脸朝气地踏进办公室，带领大家复盘、架设，用创业的心态去寻找新的业务增长点，实现"二次创业"，实现上市目标。

其实，从 2020 年到 2022 年，我们一直没有停下寻找新增长点的脚步。2020 年，我们开始寻找属于"倍轻松"的代言人，希望依靠产品力驱动销售力的同时，也能在营销方面放大声量，实现"破圈"。2021 年 5 月 31 日，"倍轻松"正式官宣了代言人，代言人的形象和产品形象达到了完美结合和统一。紧接着，我们初建起自己的直播间，打造品牌宣传阵地。

时间来到 2022 年年底，偶然刷抖音的我被一个数据击中了：在抖音的用户，日活粉丝数量已达 7 亿人次。

当时我就想，全国 14 亿人口，减去未成年人和高龄群体，也就是说，70%—80% 主力消费人群都集中在抖音。电商发展了十几年，从传统电商到新媒体电商，其实每一个时代都有我们没有踏进去的红利期。疫情期间，传统电商确实处于一个萎靡横盘的状态，但是对新媒体电商而言，却成了停留时长、每天可以花更多时间在所在的阵地。

在对比了抖音、小红书和 B 站三个平台的定位之后，我们最终确定以抖音为主阵地做电商。作为品牌方，我们之前只是把抖音当成配合主流电商的品宣渠道，而忽略了它本身就是一个能够品效兼收的平台。于是，我和团队重新梳理抖音的效用和价值，为直播间匹配各种资源。

也是从那时起，每次刷抖音，我都会有意识地去搜索一些关键词，看看这个平台到底偏向于哪些内容。结果发现，这里并不是一个只卖 9.9 元包邮的平台，反而有将近 1 亿左右的高客单人群，这部分消费者追求高品质生活，注重高品质产品，关注自身健康、养生。越来越多的数据和案例摆在面前，让我更加坚信，抖音是个寻求"二次创业"和"增长曲线"的机会。

当然，"二次创业"不仅是一个口号，需要团队领导拿出方法、策略、路径，带领团队重新找回士气。

于是，在经历了一年的学习和沉淀后，到了 2023 年年初，团队的基本框架已然建立，相关直播人员，包括店长、投手、短视频内容制作、主播、场控等均已到位，直播间从 1 个增长到 4 个，直播时长从每天 4 小时增加到每天 16 小时；开年的时候便开始选品，到了 2023 年 3 月开始正式直播，利用上一年不断研究抖音直播的规律，打磨优质运营环节，一鼓作气，以首战即决战的气势和决心，第一次直播的销售额即破百万，经常卖断货，收获了规模、数据和增量，也收获了团队士气和心态转变，无疑是打了一场胜仗。

到了 2023 年第二季度，直播这件事已步入正轨，团队基本掌握了抖音的流量密码，几乎每天上多少品就能销售多少。截至 2023 年年底，经过仔细复盘，我们从 2022 年筹备直播间，到

2023年正式直播，不到两年的时间，线上销售额居然破了3个亿，这与之前在主流电商渠道做七八年才能达到1个亿来说，简直是天方夜谭。

用创业者的心态去打工，就要时刻发现新机会、新渠道，主动寻求新的增长点、增长曲线，带领团队大步向前。

在我们从0做到1的阶段，我们要按部就班，不断调整策略、积累经验，找到方法和路径；到从1做到10的阶段，迈的步子就要大一些了，速度就要加快了，要把1年当成3年来做，不仅要边做边看，更要以终为始去规划整体步伐。

在这样的状态下，作为团队的领导，必须时刻调整自己的心态和状态，自己先要跟得上节奏，才能带领团队跟上节奏，否则对所有人来说就是一场噩梦。

在势不可挡的线上电商模式下，当团队处在亢奋的时期，身为团队的领导，必须要保持冷静，透过现象看本质，及时复盘和调整策略。

经过一系列复盘，我们发现，抖音的销售渠道确实让我们的规模无限放大，但利润却没有想象中的丰厚。由于抖音平台自有的机制，每个行业都设定了一个通用的ROI（投资回报率），在ROI之上的部分，获取流量就变得异常艰难，导致规模达到一定程度后就固定下来，如果维持现有状态，我们的ROI就会无限降低，流量成本不降反升，必须及时调整策略，及时止损。

当我决定叫停抖音直播时，一开始大家并不是特别理解，认为集团实现了上市，正是士气大增的时候，此刻停下来恐怕得不偿失。

我理解团队的想法，毕竟大家是一路同甘共苦走过来的，并取得了前所未有的成绩。然而，身为团队带头人，必须躬身入局，先梳理团队的心情，安抚大家的情绪，用同理心缓解每个人的焦虑，再梳理事情，讲出理性的判断，去寻找更新的出路。

这里依然需要创业的心态：从来不能停止，永远没有终点。每天都要重启，每天都要找新的路径，每天都要关注团队的状态。实现每个人价值和成就感的同时，追求更高的目标。

综上所述，在事业瓶颈期，要用创业的心态去想，如何能让团队活下去，如何重振团队的士气，让生意实现可持续发展。在事业上升期，要用创业的视角复盘，哪些可以盈利，哪些不利于经营，要盘点整个过程和结果，保留可以沉淀和复用的，优化或及时控制不利因素。

身为团队带头人，一门心思激励大家往前冲，以达到销量的高光，在某些阶段确实可取。但如果你有创业的心态，无论是在高光期，还是在低谷期，都需要不断地提醒自己，看到生意的可持续性、健康性，同时考虑团队的士气和力量，这才是领导者应该具备的一些基本能力。

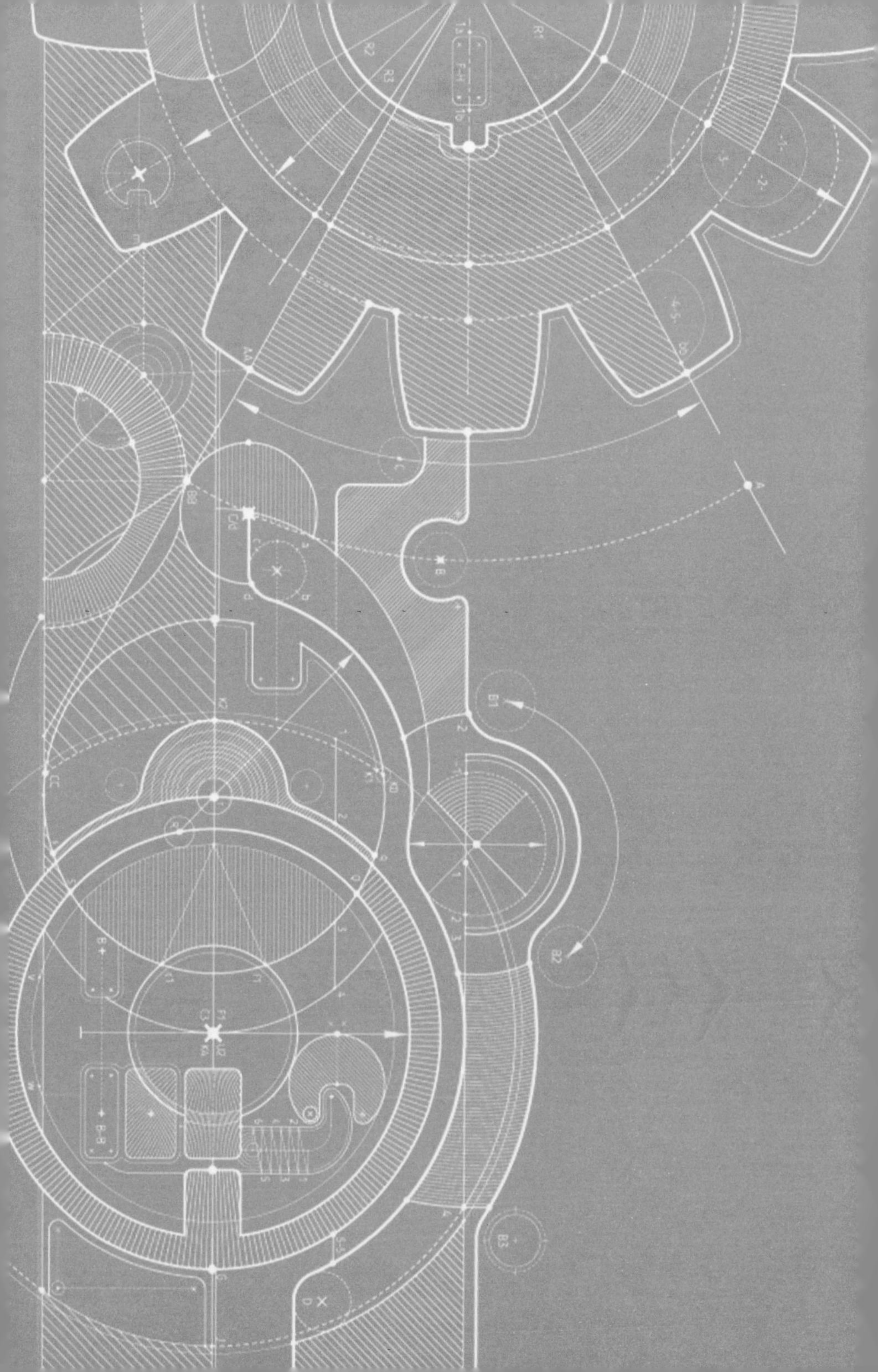

第三章

「轻盈心态」成熟期：成为组织的赋能者

管理者的重新定位

1. 剖析自省：你在拉火车，还是火车在拉你？

我在一个企业高管的微信群里，看到有人分享了一组漫画：上面是几匹马在拉一辆车，车上坐着一个目视前方却姿态悠闲的人；下面是一个人在拼命拉那几匹马，挥汗如雨，形容狼狈。配的题图文字分别是：别家公司、你的公司。

群里众人调侃之余，纷纷大有共鸣，我也不例外。

优秀企业的老板应该是马车拉你，老板每天看趋势、看机会，整合资源，把控好方向，团队会自驱向前跑。即使跑的过程中遇到了问题，马儿们也会根据步调自行调节，相互配合解决问题。

相反，有相当一部分公司都是老板或高管在拉着团队跑。老板总是跑在前边，今天给团队定规划，明天告诉团队该怎么干，后天问团队进度，如果遇到部门冲突等问题，大家的第一反应不是应该怎么解决，而是问老板怎么办，找老板评理。

后者的老板是最累的，企业发展的速度也不可能快。

所以，当团队到达一定规模之后，扁平化管理开始出现诸多弊端。比如，之前我一个人管 8 名员工，这 8 个人都是具体的执行者；后来我还是管 8 名员工，但是那 8 个人又各自带了 16 名员工，而这 16 个人之下可能又管了几十个员工。与此同时，小队伍之间有了分别心也很正常。

这时，就需要强化组织力了。

2. 长远布局：强化组织力

之前看到过一篇文章，说一个企业从 0 到 1 可以靠产品力，但是从 1 到 10 要靠可持续力，从 10 到 100 就必须靠一件事，就是组织力。

对此我深深认可，同时反思我们团队的组织力，开始寻找一些调整的方法。

我发现，不管是整个公司层面，还是我们电商事业部层面，都需要调整。我们在年销售额实现 3 亿到 5 亿的时候，靠的是激情和凝聚力，但当我们想把销售额从 5 个亿提升到 10 个亿甚至 100 亿的时候，一定要靠组织力。

实现从 0 到 1，组织会激发出强项力量，这个强项或许不是全部链条上的强项，但足够优越，足够专业。就像百米赛跑，只要你爆发力足够强，一马当先就能超越其他选手。

从1到10的过程里，你只要依靠惯性，靠拼劲儿躬身入局，带动团队持续向前跑就够了。可能跑了200米、400米，你依然能够领先。

然而从10到100就不能靠单一的强项了，必须目标一致、高效配合、万箭齐发，这时不仅要强化优势，更要找到短板，补齐短板，提升木桶整体的水位线。

2020年我做规划时，就对组织架构作出了调整。电商事业部分为B to B、B to C、新零售、市场部、设计部几大板块，而想让整体业务再往上发展，就需要升级各板块业务模型。

2023年，我再次对组织进行了调优，电商也分成了"增长策略部"和"销售运营部"，通过内容营销、产品规划、用户数据、客户物流等维度进行精细化运营，同时还匹配了相应的人才，除了内部培养，也从外部引进了更加专业化、系统化的人才。

同时，为了让组织真正实现生生不息、青出于蓝而胜于蓝，我对梯队人才进行了规划，向下看三级，每一级都要有人才可培养、可用。总之，要吸纳更多的顾问、专家、专业人才，为组织看方向，做风险管理。

3. 组织力赋能

架构完新的组织体系，就要发挥作用了。

还记得 2017 年,当我们的电商销售额突破 1 亿时,大家抱头痛哭的情景,当时的心情只有经历过的人才能体会,那不是压力和委屈的释放,而是一种不甘,一种憋了十年终于可以与线下占大致相同份额的价值感!

2021 年,公司给电商的目标是销售额实现 7 亿,但我们内部一致决定,给自己定下 GMV10 亿的目标。

靠什么去完成呢?这不是一个人的力量能够完成的,而要靠团队制胜——让每匹马同时爆发力量来拉动火车,才有可能让火车前进。

接下来就是商量具体可行的增量途径。

第一,我们复盘了一下,过去 10 年里我们没有做过的动作是什么?品牌营销。品牌营销有没有用呢?显然有用。我们都看到了友商通过请明星代言、在各大综艺节目植入广告等形式,实现单品在"双 11"销量突破 10 万台、营业额将近 1 亿的惊人成果。

他们做到了,我们为什么不可以?

"倍轻松"的产品力是我们最大的自信和竞争力,如果我们通过这种方式也能让单品创收 1 亿,根据我们产品后续生命力强、二次销售比例高的特点,或许最终能突破 2 亿的销售额。

第二,之前我们没有在跨境电商这个市场发力,但是经过观察和论证,跨境电商的市场很有潜力,将收入目标定在 5000 万应该没什么问题。

第三，一个新品的销售额一般能实现 4000 万到 6000 万元，那么再上线 2 到 3 个品种呢，又能实现 1.5 亿的目标。

就这样，大家把 10 亿目标拆解开，对应具体有效的实现途径，每个部门的目标都非常清晰，希望值满满。事实证明，大家干得非常不错，2021 年 10 月，我们的目标已经完成了当年的 90%。

看到了团队的力量、伙伴的成长，我也渐渐调整了自己的定位。我从开始阶段冲锋陷阵的人，到拼命拉车的人，再到如今看方向、踩刹车的人，我希望自己成为组织最大的赋能者，让组织变得更强大，而不是只让我自己或某个个体变得强大。

所以，作为管理者，我认为最大的职责就是培养人才、成就人才，让团队更加纯粹、更具战斗力。

做公司不同时期需要的人

"你说的问题我都理解,但是结果呢?我要的是结果。"

"遇到问题就想办法推进,而不是搁置,我想看到的是结果。"

……

这几乎是所有老板最爱说的话——要结果。

老板背负着企业运转、员工工资等各项压力,只有赚钱才能活下去并活得好。赚钱的过程中遇到的所有问题都需要解决,员工就是帮老板解决问题的人。解决了问题,赚到了钱,公司才能给员工发工资、升职加薪,否则大河无水小河干,只能散伙。

老板有句潜台词:如果这个解决不了是因为客观情况,那个搞不定是因为市场环境,那么不发工资也跟你说是客观情况、大环境所致，你能接受吗？

听着虽然可恨，事实上却有道理。拿人钱财，替人消灾，员工的职责就是帮公司解决问题，帮老板赚钱。当我们能够解决的问题越多，自己的价值就越大，哪天去创业当老板也有可能，就算不去创业，也会成为公司里不可替代、行业里高薪争抢的人才。

1. 自我反省：在解决问题方面，你是哪个级别的人？

会解决问题这件事听着简单，其实做起来要求很高，也分青铜、白银、黄金、钻石等级别。举个例子：

老板让小张准备第二天跟客户谈项目用的资料，包括前期接洽的内容、合同的草稿等。

小张整理了所有的材料，修改出一版新的合同，并把需要带上的资料装好，第二天准时出现在公司会议室。为了保证成功率，小张请求与老板一起去谈项目，项目进展得很顺利，小张圆满地完成了本次任务。

同样的事情，老板吩咐小李去做，小李提前整理了所有的资料，发现之前洽谈中存在的主要分歧，逐条做了批注，为了更加了解对方公司，小李查看了该公司最近的主要运营方向和项目内容。

第二天，小李独自带齐了所有资料和他起草的新合同，提前来到公司，并在第一时间将自己整理的主要分歧和可采取的解决方案递到老板桌前。

在洽谈过程中，小李边听边将客户意见全部记录下来，当场完成了新的合同草稿，迅速打印后在会议室传阅讨论，当天就敲定了合同，圆满签约。

小张和小李都是能够解决问题的人，但小张只能算是白银级别，小李却可以算得上是钻石级别。

原因很简单，小李的做法明显超出了老板的预期，这种超出预期的做法给公司带来了利益，节约了时间成本。

至于小张和小李谁更值得被提拔那是后话，我们只讨论用这种态度去工作，带给我们的也许不是辉煌的成就，却一定能让我们避免被别人轻易取代。

新东方的王强老师有一句话："让优秀成为一种习惯，把每件事情都做到极致，哪怕让你给朋友送饭，你都要送到极致，什么叫极致，就是以后你不给他送饭，他就没有胃口！"

这当然是一句玩笑，但我很赞同其中蕴含的观点。做到极致，就是不断超越别人的预期，这样才能把职场中的不确定变为确定，让自己成为不可取代的定数。

我们在做一件事之前，一定有心理预期，这种预期可以是我们给自己设定的，也可以是别人给我们设定的。总而言之，一旦开始做一件事情，预期就在同一时刻诞生了。

职场中的每个人都要接受别人对自己的预期，尤其是领导的、老板的预期，要不断打破上司对你的预期，比别人解决问题的时间更短，效果更好，离结果更近，这是我们升职加薪最有效、最直接的途径。

因此，成为钻石级解决问题的人，就能在最大限度上超越预期完成工作。

2. 如何成为钻石级解决问题的人？

第一，不断提升专业度。

任何一份工作都有专业性，哪怕是最不起眼的工作内容，也需要用专业的态度做到超越预期的效果。拓宽自己的知识面是提升专业度并超越预期的基础。

经常听到一些朋友说，我们这个年龄的人好难，好尴尬，危机感好强。就我自己而言，我是个安全感比较足的人，这种安全感不是来自当下的资历和职位，而是源于不断学习。

每天早上的上班途中，我都会听一些知识付费类的节目，如"得到""混沌大学""36氪"等，这些App是我的学习阵地。

除了不断更新专业知识，我们还要不断补充自己的跨界知识，学习其他的商业模式。很多知识之间是共通的，积累到一定程度，就会逐渐整合，最终形成适合自己的工作模式。

第二，不断参与业内培训。

很多领域都讲"圈子"，有些专业人士抗拒与外界交流沟通，喜欢闷头苦干、潜心研究，我能理解他们不想被打扰的心情，但可能由于性格不同，我更喜欢思想的交流和碰撞，因此每年我都会参加一些行业内的交流和培训活动。

有些人觉得管理培训课没什么用,都是虚的,不落地。其实不然,行业资深人士一起分享案例,讨论市场趋势,交流管理心得,这种氛围让人受益。

就算有些内容不一定马上有用,也会储存在心里,在以后的工作中遇到某个难题时,就能蹦出来,解决一些实际问题。

在我们低头赶路的时候,一定不要忘了抬头看看天,了解延伸出的行业和市场。

第三,把公司的事当成自己的问题去解决。

这一点看似无用,实则最有效。在工作中,我们一般都有一个心理:公司的事与我无关。

出现问题的时候,简单解决一下,发现有点棘手,算了,去问问领导怎么办吧。

领导给出建议后,做的过程中发现太难了,稍微坚持了一下,实在不行就离职走人。

如果换个角度去想,把公司的事当成自己的事,没有人站在身后随时帮你,没有钱支撑你随时换工作,那么你就只能自己想办法去解决问题了。

结果就是,很多人都能搞定看似棘手的事情。这就是尽力和不尽力的区别。

我有点不能理解不尽力的人的想法,可能他们觉得为老板打工，每个月只拿一点工资，没必要尽力。其实不然，大家都是花一样的时间去上班，一样的朝九晚五，一样的奔波劳碌，为什么不尽力去提升自己的价值呢？

职场就是个人能力训练场，每天花了大好时光来工作，不多学点本事，不多提升自己，就是浪费时间和生命啊！

每一个为公司尽心尽力的人，其实都是在给自己赚取经验和价值，这也是公司和老板最需要的人。

理解"后浪"的不容易

"难留少年时,总有少年来",这就是"后浪"的力量。

总听到"长江后浪推前浪,前浪拍在沙滩上"这样的话,大家真心希望"后浪"能够翻涌而来,这样才能推动整个团队、企业和社会不断向前发展。

具体到我们的团队,第一梯队都是至少经历了十年甘苦、共同打下电商基石的战友,大家的心态是一致的。在一次交旗仪式上,有位核心成员说了一句话:"长江后浪推前浪,前浪后浪一起扛。"这句话令我印象深刻,由此可以看出团队的格局和凝聚力。

年轻并不是成为"后浪"的必要条件,不是所有年轻人都能称得上是"后浪",更多的只能是后辈、新人。

那么，什么样的新人才能成为"后浪"呢？

我总结了几个特征：眼里有光，肚里有货，知行合一，纯粹努力。

眼里有光，就是在跟他人沟通时，能够用眼睛去交流。有些时候，有些事情确实只可意会，不可言传，谈到一个人感兴趣的事时，他的眼里放光，会传递一种力量。

肚里有货，就是交流起来有逻辑性，有多维度考虑，而不只是天马行空。有一个具体的表现形式，可能有些片面，就是思路决定语速，思维快的人语速才能快，这样的人行动力比较强；反之，语速慢的人，思维较为缜密，更适合做军师。一个优秀的团队需要由不同优势的人组成。

知行合一，就是能让想法真正落地。只停留在想法上，只贡献所谓的创意，不能让创意落地的都是纸上谈兵，永远不会产出真正的价值。

最后，再加上纯粹的努力，具备这几个潜质的人，才有可能像种子一样逐渐长成大树，像浪花一样成为改变潮水方向的"后浪"。

1. 面试时的"后浪"

对应届毕业生，我会关注他在学校做过什么。一个优秀的人，在每一个阶段都会要求自己做到最好，因此我会优先考虑优秀毕业生或学生会干部。对社招人员，我一般不会问他们过往薪资、离职原因等常规问题，而是更关注在所有的工作经历中，其最值得拿出来与我分享的是什么。

有人说，我做过一个爆品。我就会细问这个爆品是怎样的产品，如何运作成爆品的，他承担了什么角色，参与了什么环节，做了什么关键动作，承担了什么工作内容，结果是什么，有没有达到预期，有没有准备预案，等等。

在沟通的过程中，基本就能判断他是不是具备上面提到的"后浪"潜质。

2. 入职后的"后浪"

新员工入职后，拉开差距的关键动作就是把心落下来，尽快进入角色。

我经常说，希望我们所有的新人都是跑步上岗，入职之后不要把自己当新人，要在最短的时间内融入团队，参与团队整体的节奏氛围，迅速了解当下要做的事情。

这里想夸一夸其中几位"后浪"，真的让我眼前一亮。

其中一位如今已成为团队中的"老人"。她入职的时候，我们的团队刚刚组建不久，由于条件有限，招不来特别对口的优质人才，招聘时更多选择有灵气、有热情的新人进行培养。她就是这样的一位。之前她做行政岗，现在想转型做业务。面试的时候，我就被她做行政人员时自学运营的态度所感染。

她入职的第二天临近下班时主动来找我，说想聊一下关于未来的工作规划。除了对账、做表格这种基础工作，她还希望参与更多运营策划方面的工作。

我很惊喜于她的态度。首先她会思考自己的定位，思考自己到底想要什么；其次她会主动沟通，看团队规划里有没有她想做的，将个人规划和公司规划相结合。

那天我们沟通了两个小时，根据她的性格特点，我为她匹配了合适的岗位、做出了业务规划。她比较外向，沟通能力强，情商比较高，让她做 HR 肯定没问题，但我觉得对当时的团队来说，一是没有专职的 HR 岗，二是认为她还能发挥更大的价值，于是我让她去做了京东自营的运营。

这个岗位需要有很强的沟通能力，不仅要时刻关注 C 端的需求，还要及时跟采销人员沟通，这一过程需要学习专业知识，需要拿捏技巧，也需要强大的内心，既要说服采销人员主推我们的产品，提供更多资源，还不能以放弃利润的方式去争取，反而要争取更多利润。

上任运营岗位之后，她很快就进入了状态。一方面不断学习产品和运营的专业知识，了解电商销售的各种门道；另一方面发挥她沟通能力和情商强项，定期拜访，当面沟通，与采销人员打成一片。

更让我欣喜的是，她具有持续学习的能力，不断去找自己的空缺点，不断努力向上，是个"眼里有活"的人。永远对自己不满足，永远不把现有岗位当作终点，而是作为起点——每次和她沟通，我都能感觉到她的进步，而今她也成为电商事业部绝对的核心骨干之一。她不仅一直学习，精进专业度，还不断提升领导力，负责了电商的 B2B，带了一支能征善战的队伍，为此我倍感欣慰。

还有两位"后浪"，一个是大学毕业就来到电商事业部的 1989 年出生的小姑娘，完全从一名"小白"，一步步从一个平台，到一个小团队，再到今天独当一面的 B2C 负责人。虽然在领导力方面还有提升空间，但在思维逻辑和学习能力方面，她有着独特优势，而今也兼任了我的助理角色。

另一个是远在深圳，但十几年始终如一、不离不弃的大军师。他把天猫的 GMV 从几百万运营到几亿，对电商行业的变化和见解，他总是能捕捉到关键点，对"倍轻松"的电商发展之路，他的贡献功不可没。

还有一位入职的"90 后"新人，一个家庭条件不错的大男孩，他家的生意做得不错，完全可以当一个快乐"富二代"，或是进入家族企业当少东家，可他有自己的梦想，于是选择出来工作。

他入职的时候是我们"倍轻松"集团非常忙碌的一段时间，大家都在积极筹备当年 5 月 9 日的新品首发。这次新品首发对我们来说意义重大，这款产品是我们和阿里集团联合定制的国内首款 IOT 原版按摩器，无论是阿里集团，还是我们自己，都对这款产品投入了极高的关注度，这也是我们多年来最重磅的一次新品首发，团队的每个人都恨不能当成两个人用。

他真可谓"跑步上岗"。作为一个还在试用期的新人，他直接跟着我们新品首发的节奏没日没夜地忙碌，不仅毫无怨言，还通过这次全公司性的活动迅速熟悉了工作内容。

产品首发圆满结束,大家还没缓口气,就要筹备"6·18"的电商活动。他又跟着团队一起奋战,不仅完全没有掉队,还进步飞快。

"6·18"结束之后,我们又有一个新产品要做首发,这次他承担了几乎全流程的工作,虽然不是主导者,却已变成非常重要的落地承接者。这次新品首发之后,他已经完全看不出是刚入职半年的新人,他用半年多的时间证明了自己的能力和价值,于是在他入职第八个月起,他就正式成为我们的爆品项目负责人。

他们都是优秀的年轻人,令人瞩目的"后浪"。

我只是列举了几个伙伴,一个团队的成功永远不可能只靠几个人,每个人都有自己的价值,电商事业部的每一位伙伴都是今天成绩的贡献者。所以我一直在团队内部说,无论何时,我们都会肯定历史、感恩过去,为了发展也要憧憬未来,新人便是成就未来的一种力量。

3."后浪"的自我修炼

"后浪"往往不惧实战,在实战中有两个特质能让他们脱颖而出:第一,主动承担更多的责任;第二,努力超越预期目标。

我在一位新入职的1997年出生的女孩身上也看到了这两点。她是以助理岗位入职的,由于当时比较年轻,没有太多经验,大家就没有对她提太高的要求。但她入职一个月后的述职报告,让所有人眼前一亮。

试用期内的员工，每月月底要做述职报告，总结这个月做了什么，取得了怎样的成绩，需要哪些帮助等，让公司领导和部门同事更快了解新人和新人的诉求。

一般员工的述职报告更注重结果，即使有过程，也较少分析过程中遇到的问题和推进的预期。这个女孩的述职报告中不仅有目标，有本阶段结果，还有过程，以及对过程的分析思考。

比如，她会针对一个投放词做出机器优化和人工优化的对比，分析什么样的方式才最有助于我们的产品投放。同样投放一张图，人物图和产品图哪种方式的转化率更高，都用图表展示出来，细节而具体，一目了然。

管理者都很喜欢这种不仅有想法，还能把自己的想法快速落地的员工，更难能可贵的是，她还会持续跟进结果，持续精进工作。

另外还有两位"黑马"男生，他们的性格不同，但有两个共同点，一是极强的上进心，二是出类拔萃的思考力与学习力，有了他们的加入，团队变得更丰满、更有力量了。

2021年，视频成为热点，幸运的是，我们的一位才女，一手担起了部门的视频工作，从脚本创作到出镜，再到拍摄、剪辑，从一两个人到如今四五个人搭起的团队，真正起到了独当一面、赋能团队的关键作用。

这样的"后浪"让人心怀希望，每个人都能看到他们身上即将爆发的力量。

不让自己成为"过期前浪"

其实，到了一定时期，团队的管理者不应该害怕被"拍在沙滩上"，而应该继续乘浪前行，见证更多的奇迹与浪潮。

真正会被"拍在沙滩上"的，不只是一些成为"前浪"的职场老人，还有很多职场新人，这与年龄无关——真正拥有价值，才会不惧风浪。

那么，什么样的人更容易"挨拍"呢？

第一类是没有责任心的人。有些人觉得责任心这件事是老生常谈，但我始终认为，有责任心是职场人首先要具备的品质。一个人无论能力有多强，如果缺乏责任心，这个人都不能用。因为你的能力和聪明才智可能会用到别的地方，无法对当下的岗位有所贡献。对团队来说，让这类人承担工作是没有安全感的。

责任心不够往往体现在管理上。如果带团队不能调动员工的积极性，不能提升员工工作的专业度，而是自在一天算一天，这样的人很容易成为被"拍"的一类。

责任心也等于用心。不管你之前的背景有多么辉煌，那些只能代表过去，当下的你是否用心，是否能为自己创造价值、提升价值，才是最重要的。

第二类是野狗型的人。在某个人才分类概念体系中，人才分为金牛型、白兔型和野狗型。其中金牛型的人主动、进取、能力强，基本就是"后浪"的标配；白兔型的人能力一般，但耐心细致，有培养潜力，能够落地执行交办的事情；野狗型的人则会破坏团队凝聚力，他可能有很强的工作能力，非常聪明，但对谁都看不惯，跟谁也不能形成合力，还会带来负面情绪，影响团队氛围，这样的人很多公司都不愿意用。

我认识一位朋友，是合作伙伴那边的对接人。客观来讲，他是优秀的人才，在敬业度、专业度、职业度等方面都没有问题。他经常加班加点做方案，在自己的专业领域也很有想法，但他有一个致命的弱点，就是当面一套背后一套，你和他沟通过的事情，当他和别人表述的时候，就完全变了样。

某次业务对接时，我们因此出现了很大的误会。我们的项目对接人及友商的对接人都被他搞糊涂了，感觉彼此在给对方找碴儿。后来我们几个人共同串联了一下，才发现事实并非如此，矛盾并不存在，完全就是人为的乌龙事件。

这就属于野狗型员工，他对团队起不到任何合力作用，认识他的人经常会说，不敢和他打交道，就怕不知哪一脚踩空了。这样的人在重要的岗位上坚决不能用，因此与"后浪"基本无缘，还会被脾气不好的"后浪"狠狠拍打。

第三类是不讲诚信的人。这一点和责任心类似，是职场人做人做事的底线。一个人的诚信有问题，就是人品有问题，没有人愿意和不靠谱、不诚信的人共处，这样的人在职场中也很难长久做下去。

我有一位朋友就招聘过这样的人，这段经历也被她称为"掉坑"经历。当时她的企业在转型期，希望在企业宣传上发力，于是重金招聘了一位品牌宣传负责人。

此人的工作就是花钱。由于这个职位的定位是为公司每年花掉几千万的宣传费，因为我朋友希望选择能力更强、更专业的人——不把这个岗位当成一种负债，而是当成一种投资。

这位"精英"入职后，老板对他十分看重并极度放权，当然放权的同时也会有相应的申报流程和必要监控。然而这位"精英"不仅出手大方，入职第三天就花了30万，还开了自己的子账户去做投放，其实就是偷偷运营自己的公司，利用职务之便增加自己公司的流水。当我朋友问他时，他谎称这是正常的投放流程，属于正常的运营返点——把老板当傻瓜，这样的人是万万不能用的！

最后，他不仅搬起石头砸了自己的脚，还因为诚信问题几乎进了全行业的黑名单。

向上管理：让 Boss 先听懂再共识

分享一个我表弟的故事。

我表弟大学毕业之后去了一家动画公司做"码农"，入职不久就参与了一个项目，但客户一直对项目效果不满意，部门经理就给他下了最后通牒，要求他必须做出一个让客户满意的产品。

表弟非常气愤，他认为设计思路都是经理跟客户谈的，需求一改再改，现在又让他来背锅，实在气愤和委屈。他本想直接走人，可是想想要交的房租和等着结婚的女朋友，还是咬牙坚持下来，并在心里默默发誓：等自己积累两年，一定换一份更好的工作。没想到三年后，表弟成了部门的技术主管。

有一次表弟跟经理去谈了一个项目，客户连自己的诉求都说不清楚，反而让他们先做几版看看再说。为了这个单子，表弟只能要求团队的程序员加班加点赶做了几个待选方案，一周后交到了客户手上。客户比较满意，但是提出了几点修改意见，并答应改好之后就签合同付定金。于是又是一周的加班，尽管表弟感到很疲惫，可这个单子关乎整个部门的业绩，因此只能生扛下所有的辛苦，他自己也不停地与客户和技术人员沟通。

一天晚上，当他经过依旧灯火通明的项目部时，迎面看到那些年轻人委屈而不解的眼神，忽然就想到了当年的自己。他很清楚，这个项目拿下来之后，这个月所有人都会有业绩奖金，自己的部门也会让老板刮目相看；如果没能拿下这个项目，那么前几个月的努力就白费了，自己的压力很大，他也只能要求所有人跟自己一起加班，努力做到最好。

这时的他似乎明白了三年前一定要他在一个晚上搞定产品的那个经理，经理并不是针对他，只不过经理肩负的是更重的责任和更大的压力，为了整个部门，他不得不这么做。

这之后，表弟变得更加努力，主动承担了更多的任务。

1. 试着去理解领导

向上管理的核心就是换位思考。转变立场，更有助于理解你的领导。

对此我深有体会。差不多六七年前，部门还没有现在的业绩和规模，我自己也没有如今的高度，部门之间难免会产生矛盾，大家习惯性地请老板来"主持公道",而老板没有一次立场鲜明地指出谁对谁错,总是让我们自己把问题摆在桌面上进行讨论和解决,我每次都觉得特别委屈,认为老板在"和稀泥"。

如今,电商事业部的业绩在不断增长,团队规模也在不断扩大,组织架构更为完善,我经常也面临这个问题——两个部门发生冲突,找我评理。每到这时,我就想起之前老板的"和稀泥",我立刻理解了他的做法——都是公司的人,都是一些无伤大雅的小问题,哪有谁对谁错?

我让产生冲突的两个人当面沟通,自行解决,话说开了,问题迎刃而解。然而我也不能放任这种无成本产生的冲突氛围,于是各罚500元,强调以后我不管这种小矛盾,你们有钱就交罚款,但绝不能影响整体项目的进展,否则就是原则性问题,绝不容忍。

换位思考最大的好处就是能够真正理解对方,也可以说让自己产生"同理心"。当你理解了一个人的做法,就不会觉得他在要求你、针对你。

我经常对团队小伙伴说,你们可以对领导不满,但请相信,领导绝对不是你们的敌人,领导比你们更想要好好经营公司。也正是因为大家敞开心扉一次次畅谈,团队才一直保持着对彼此的信任,相互理解,拥有凝聚力和战斗力。

电视剧《琅琊榜》里,老皇帝众叛亲离被逼退位时说的那段话让我很受触动,他说:"谁不想当一个开明的好皇帝?谁不想爱民如子,开辟盛世?但坐上这个皇位之后,很多事不是我能决定的，更不是你们想象的那么简单！如果换成你，你自信能比我做得更好吗？"

有时候身在其位，身不由己。如果让你做领导，你曾吐槽的、委屈的那些事，真的不会让下属去做吗？理解你的领导，这也是向上沟通的能力。

2. 不要奢求领导理解你

可能有人会说，凭什么让我去理解领导，领导为什么不能理解我？听起来确实不公平，但说实话，千万不要奢望领导去理解你，领导可能会包容你，但是他不会有那么多的时间和精力向你解释他的心态和责任，这就要求我们多一些反思和换位思考的能力。

同样，领导也没有时间去了解每一个人，尤其是新员工，如果你不努力创造价值，与其说是领导看不上你，不如说是领导根本还没有看到你更为准确。

想要得到别人的理解，就先要得到别人的关注。这个关注是正面的关注，而不是让领导发现你的能力有多么差，耐心有多么不足。

每一个职场人，都要努力工作，创造价值，不断超越预期，用正确的方式和路径跟领导沟通，这才是避免与领导不同频的最好方法。

3. 向上沟通，让领导做选择

对团队来说，每一位管理者都是肩负着"向上管理"的人，汇报结果，争取资源，让团队的发展空间更大。

向上管理的核心就是要让老板做选择，让他看到你的思考和规划，并有两个以上的方案供他选择，而不是直接问他这个事能不能做、怎么做，某某项目出了问题怎么办，某某项目的预算是多少等。这些都属于我们自己的业务范畴，老板擅长的是掌舵。

比如我们在 2021 年新增的直播业务，要和老板沟通的是，紧跟新媒体时代潮流对线上销售来说非常重要，哪些友商已经在做了，每场直播的数据是什么，带动的销量有多少，带动的微博话题热度有多高；直播的趋势是什么，我们目前做到了哪一步，接下来应该怎么做；要想做得更好，我们要准备些什么，需要老板支持什么。

沟通的所有内容我都会提前准备好，一方面能让老板更清楚业务的本质、意义和需求，另一方面也能清晰地梳理自己的思路。

类似的例子还有很多，团队要想快速发展，除了业务上"能打"，向上沟通也是重中之重，可以为团队扫除一些障碍，得到相应的支持与资源。

4. 管理老板的预期

向上管理，还要管理老板的预期。

当老板的目标超出我们的目标，使劲儿跳也达不到的时候，我们该怎么办？

在我们连续三年高复合增长的前提下，老板的预期也在高复合增长，他定的目标就很难达到了。这时为了团队士气和保持打胜仗的信心，必须要去和老板沟通，而沟通也要讲究技巧。

首先要认可老板的目标。我对老板定的目标表示非常理解，我知道他是从公司整体发展速度、即将上市等维度来考虑的，这一阶段的现状要求"倍轻松"要铆足劲儿发展起来。然而我们也要尊重现实，以目前的实际情况来看，完成老板定的目标确实有难度，我们会把目标进行分解，分成确定性的和不确定性的。

把确定性的目标作为考核标准，不确定性的目标作为激励部分。对于确定性的部分，我们知道该用怎样的有效的增长路径一一实现；对于不确定性的部分，我们要去想办法，打破原有的思维和模式，甚至启用新的团队，做到补差的部分。

向上沟通不能带着否定和意见去沟通，而是要带着方法和建议去沟通。

其次，邀请老板参与进来。

有一年"双11"的单日销售目标，老板希望我们能在上一年4000多万元销售额的基础上，实现1亿元的大跳跃，难度非常大。但我既不能对老板说没有信心，也不能对团队轻言放弃。我们只能全力以赴，实现百分之百的增长——如果冲到1亿元，就是超级胜利，要老板给我们庆功。

那天结束时，我们完成了7000多万元的销售额，可能老板的心里稍微有点不满，但他看到了大家拼搏的状态，他知道之前的目标已经不是衡量工作的唯一标准了。于是我对大家说："此刻我不想说数字，我只想抱抱你们，你们辛苦了，也尽力了，优秀的团队就是这样的，我相信换任何一个团队，也只能打到这里了。"

老板听完后，看着团队小伙伴们脸上洋溢的兴奋和喜悦，也被团队高涨的士气感染了，他鼓励和肯定大家的付出，那种氛围比任何数字和奖金都更让人感动和温暖。他参与了全过程，了解到我们没有一丝懈怠，剩下的目标差作为复盘，为下一次胜利做准备了。

向下兼容：放大格局，赋能成就

不管是向上管理，还是向下管理，都离不开沟通，但沟通的方式不同。如果说向上管理的沟通是理解、信任，那么向下管理的沟通就是信任和公平。二者都是将心比心，双向奔赴共同的目标。

那么，该如何让员工不惜力地为公司开船，与公司同舟共济呢？

1. 充分信任

电商团队目前很多员工都是"95后"，说实话，在生活上我们可能没什么共同语言，我在私下聊的东西他们不感兴趣，他们说的新鲜事,我可能有些听不懂。如果无视这种没有共同语言的状态,那么对这些年轻员工就只能采取"管"的方式,同时还要冒着他们根本不搭理自己的风险,这对管理和沟通来说都会越来越无效。

我的部门有一个1997年出生的年轻人,之前在京东市场部负责电商营销。刚开始她经常跟她的上级对着干,以至于迟迟没能转正,但我却发现了她的闪光点——小朋友的悟性高,工作效率高,对营销的关键抓得非常到位,具有很强的市场敏感度。只是她不太配合领导的工作,显得不合群。后来我发现她是不喜欢按照别人强压下来的方式工作,一旦找到合适的沟通方法,她的能力自然就得到了发挥。

对很多职场年轻人来说,最讨厌的工作方式是:你要这么做,你必须这么做,盯着一些小缺点不放,否定其他亮点。通过沟通,我发现她喜欢的工作方式是:疑人不用,用人不疑,这件事情你交给了我,你就放心并且放手,我怎么做不用你管,达到目标就可以了。

我问她为什么不愿意和大家一起聊天,她说:"大家聊的都是孩子、老公、家庭,我跟他们不一样,我就是喜欢看B站、打游戏,我们没什么共同话题。"

我一下就明白了,不是她不合群、与大家缺乏共同语言,而是沟通是相互的,老员工认为年轻人不愿意融入集体,实际上他们也没有包容年轻人的喜好。

所谓包容，不是忍受，而是用真心去接受和理解，寻找可以共同交流的话题。我对她的上级领导说，平时可以多聊一些跟工作相关的事，多一些头脑风暴，多听听年轻人的想法，多引导，少命令，想让别人融入团队，团队就先要有开放包容的氛围。沟通好业务目标后，放手让年轻人自己推进项目，给他们充分的工作空间，每周例会把控项目进展，做到可控即可。

她果然不负期待，"松绑"之后的她有了很好的工作状态和很强的自驱力，遇到问题还会主动想办法解决，如今已经成长为部门的负责人。

2. 尽量公平公正

团队越大，职位越高，越要懂得包容，懂得公平公正和沟通的技巧，除了自己的坚持，还要学会理解和观察，了解每个人的性格、优势和劣势，这样才能为每个人匹配最适合的工作任务和位置，真正做好排兵布阵。

我是一个目标性较强的选手，重结果，也重过程，因此员工可以在工作中跟我沟通工作方式，但目标是不能更改的。另外，我的性格比较强势，要求比较高，员工绝不能找借口搪塞我。在我希望达成一个目标的时候，不希望员工摆出一大堆理由然后做出否定。我们可以一起想办法，一起调整，但是高标准不能改变，长期目标也不能让步。

包容绝不是无条件的容忍，领导不能职位高就任意妄为，也不可以随意提出强制性命令。包容更多的是换位思考，是共同完成一个又一个目标的对策。

将心比心，员工希望得到领导的信任，希望得到公平的工作环境。我很尊重在团队做了多年的老员工，但也不会容忍老员工"倚老卖老"，一切以能力为先，我希望不同级别、不同年龄层的员工担任不同的职位，承担不同的角色，不断给新人希望和机会，成就新人，让团队时刻保持新鲜感和对市场变化的敏感性。

我比较重视团队的"梯队培养"，每个部门分为三个级别较为合适。比如，团队中总监的位置，我会一直关注总监以下两个级别的年轻人，在这些人里重点培养几个候选人，一是可以让整个团队的架构更加稳固抗压，一旦总监位置有变动，迅速就有人顶上来；二是给年轻人激励和机会，他们能够独当一面，业务肯定会得到更好的发展，再建一个部门也有可能；三是按照年龄段来说，目前中高层领导基本上都是"80后"，随着时间的推移，这些人是否还能保持职业敏感性及对信息的前瞻性尚不能确定，就需要开始储备"90后"的核心力量。

对领导者而言，一个理想的团队必须要做到每一个层级、每一个梯队都能成为独当一面的小团体，能够承担相应的工作，这样就不会出现因为一个人中断而无法推进整个项目的局面。

对员工而言，机会是均等的，晋升是公平的，虽然有点残酷，却也是良性的竞争和发展。

3. 优秀高管要做的事：影响人、激励人、团结人、成就人，科学分享成果

科学分享成果，说白了就是分钱。

钱是我们每个人都关心却又很难主动开口的事。我一直认为，我们不能羞于谈钱，不但要谈，还要谈明白。每次招聘新人的时候，我都会问对方期待的薪资，如果能达到新人的预期，相当于双方提前达成了共识，那么后续的工作才更没后顾之忧。

每年设定绩效目标时，我也会和团队算清楚，达到这些绩效目标，能拿多少奖金，每个人能拿到多少，让大家看到具体的数字，而不是"画饼"，或只给一句"到时候再说"。

另外，将员工的钱和团队的钱联系在一起，比如今年年底有5万元奖金，你分到了5000元，如果明年有50万元、100万元奖金，你就能分到5万元、10万元。对团队成员来说，不在乎数字是多少，而在乎是否公平，是否真的分给大家。这一点看似简单粗暴，但只有合理分钱，团队目标才能成为每个人共同的目标。

除此之外，高管不能有私利心。不仅要做到公平公正，还要让员工多拿钱，让员工感受到你的付出、无私和用心。要相信大家能感受到这份温度，也更愿意为团队目标加倍努力，为团队共同赚取更多的奖金。

如何影响人、激励人、团结人、成就人？

想要影响人，就要让员工时刻感受到他的价值和成长。钱只是一方面，价值和成长在某种程度上更有吸引力。

我们有很多员工是别人高薪挖都挖不走的，我们的竞争对手出双倍薪资盯着他们，他们都不走，为什么？

第一，他们每一年都有持续的高目标，新希望。

第二，他们每一年都感到自己在公司里有价值，有成就感。

第三，他们觉得得到了成长，还有很多东西要学，还有很多美好前途需要实现。

激励人就是要不断给员工希望。

刚开始组建团队的时候，我们什么都没有，我能给员工的就是他们能看到的每月的基本工资，他们为何选择继续留在这里？

最核心的原因就是让大家明白电商是一个新趋势，我们正在做的是非常有前景的事情，我们的健康行业又是最有前景的事情里最有前景的行业，成功是必然的，只需要做好每一个当下，全力以赴完成每一个阶段的使命，耐心等待成功的到来。

现在回想起来，那时的我可能真的是在"画饼"，因为我给不了大家高收入，只能把希望描绘出来。"画饼"可能能够吸引到人，但如何才能留住人呢？这就要靠过程，靠相处，甚至要靠个人磁场。

用实际结果不断证明，"饼"是可以做出来的，其实就是用一个又一个小的可量化的数字指标，让大家共同见证这个选择不会错、未来可期。

　　心怀希望,相信未来更美好,我追求这样的团队氛围,也一直为之努力。一个人的梦想,也是团队的梦想;一个人的目标,也是团队的目标。从一个人成长为一百个人的团队,再把一百个人统一成共同的梦想,这样的团队才会有极强的生命力和战斗力。

制度与温度，一个都不能少

有一天，我忽然看到一直单身的女性朋友Y在朋友圈"晒娃"，不禁震惊不已，仔细看才发现，原来她喜迎小外甥——又是一个"错把他娃当亲娃"的都市单身女性。

和她闲聊了几句，无意中得知孩子的妈妈奋战到生产前一周，产假结束后却离职了。我不解，毕竟这时离职不理智啊！Y却说没什么可惜的，她的公司换了领导，出台了很多新的制度，一点温度都没有了。

了然。"温度"这个词瞬间让我感慨良多。

曾经，我最大的挫败感来自初建团队的前两年，不断有人离开，可以说是"铁打的营盘，流水的兵"。每年春节之后是我最难熬的时段，因为2、3月是换工作的高峰期，而我们那时不到10个人的团队，一直在换人。

心里疲惫至极，唯一能做的就是带头努力苦干，每天第一个到公司，最后一个下班，周末、节假日永远在线，随时处理工作。很多员工跟我说，像我这样做领导太累了。一年之后还是有人离职，虽然他们一再表示在"倍轻松"的经历对他们帮助很大，也能跟我学到很多东西，但不可否认的是，他们还是没有留下来与团队同甘共苦。

这种情况一度让我有点灰心，后来跟老板沟通了一次，他的一句话触动了我，他说："员工不爽可以换工作，但作为老板，只有一条必须坚持和承受的路。"那一刻，我给自己提出了要求，用创业的心态去工作，也只有这样，才能让内心变得强大起来，才能支撑我坚持下去。

很多在一线城市打拼的年轻人确实很辛苦，每天通勤路上甚至要花掉4个小时，疲于应对工作和生活中的琐事，他们需要一束光，需要看到不远的将来是美好的，是能改变生活境遇的，这样努力起来才有动力、有甜头、有盼头。

而今又是个性化崛起的时代，每个人都更在意自己的存在感、参与感，在意身心质量和努力的意义。

我不能要求所有人都像我一样，用创业的心态去工作，把工作放在第一位，也要理解，很多人就是为了一份收入而工作。想要把不同心态的人聚在一起，奔赴共同的目标，就需要靠管理能力了。

于是，后面的员工到来后，我改变了培训方式，团队每一次小的成功，都会随时通报，让大家感受不断成功、不断向上的氛围。我也会不断强调健康生活领域的市场前景，以及"倍轻松"的品牌优势，让大家有归属感和自豪感，也对当下的工作充满信心。

为了提升团队温度，增强员工之间的情感联结，尽管那时没有经费，但每年的"三八女神节"，我都会送公司所有女同胞一束红玫瑰；每个月给当月过生日的员工开生日会；在大促期间犒劳大家。我越来越感受到，有了情感联结，才能更好地影响人。

团队还设计了年底的特别节目。每年年会上，大家都会写下第二年的目标和梦想，到了第二年年底再分享出来。有人写"升职加薪"，有人写"减肥成功"，有人写"顺利脱单"，逐渐也有人写"我希望自己接下来的一年能够沉下心，把团队带出来，让每个项目的结果都超过预期；提升个人能力，让自己有更好的选择和上升空间；为自己永远有价值做好准备"。

看着这些纸条，我的心情如同看着孩子的满分试卷，不是欣喜就能表达的。

团队有温度了，每个人也更积极了，团队氛围越好，业务自然越做越好。虽然仍有人员流动，但整个团队稳定多了，团队里目前有很多任职七八年甚至十年以上的"老人"。我们一直在招聘，但不是补离职人员的空缺，而是为了拓展新的业务，为了扩大规模，需要吸引更多的人才。

"小公司靠温度，大公司靠制度。"其实不管公司规模大小，温度和制度，一个都不能少。

随着团队不断壮大，我亦能深刻体会到制度的重要性，制度就是规范，不是用来束缚你的，而是为你服务的。

好的制度可能需要具备以下几个特点。

1. 针对性

任何一项制度的出台，都要具备针对性，否则只是画蛇添足。制度必须立足于公司的具体情况，起到约束和规范作用。前提是充分信任员工，尊重员工。

比如我前面提到的员工的360度环评，就是基于我们电商销售团队的特性，刺激大家的"狼性"，同时又给每个人充分的信任，放手让大家去评分，一旦评出，就会严格按照标准去执行。

2. 平等性

好的团队一定要强调责与权对等，而不是强调级别与权力。公司制度对各级管理层和员工要一视同仁，让团队时刻关注内核与价值贡献，而非标签。

3. 合理性

就像在马路上开车,如果没有车道线,肯定会一团糟,降低出行速度。有了车道线之后,大家自发驶入车道,可能路口会拥挤一点,但遵守规则就能变得井井有条。规则就是车道线,用来规范和约束大家,但如果只够三条车道的路非要画出四条车道,就明显不合理,反而降低效率。

4. 权威性

权威性指的是利用规则让公司占据主导地位。举个简单的例子,有员工跟我提离职,我找他谈话,问离职原因是什么,他说是工资太低了。如果对方确实有能力、有价值,为了留住人才,给他涨工资合情合理;过段时间他又提离职,理由还是工资低,这样就陷入了恶性博弈——提离职就涨工资,这是下下策,不是真正解决问题的办法。

事实上,应该建立完善的晋升加薪机制,再严格执行。你的工龄、表现、各项评分达到什么程度,决定了你的薪资水平,符合条件的当然能够晋升,不符合条件的,即使提出离职也不会涨薪。

归根结底,团队具有凝聚力,除了要有和谐的团队氛围,还要有合理的制度。要想完成一个目标,温度与制度必须并存。只有有仗一起打,有事一起扛,目标一致,制度清晰,管理人性化,才能充分激活组织力。

公平公正,相互成就

我们每个人都是以"新手"身份进入职场的,那时的我们虽然年轻,但是激情满满,充满梦想,觉得自己并不比任何人差,即使自身存在很多短板,但是内心并不会这么认为。

我也有过职场"小白"的这种普遍心理,不是因为自傲,完全出于年轻气盛。只是回过头来看,当年一步一步成长的轨迹,其实也是不断向前辈学习、叠加、总结出来的,在时光的打磨下形成了属于自己的年轮。

然而,那时的激情和热血,往往会给领导和职场"老人"造成一种错觉,站在他们的角度,看到的可能更多的是年轻人的缺点和短板,这些缺点和短板加之自信的态度,容易被当作一种自负,认为年轻人哪里都不行,给出的否定多于肯定。

对年轻人来说,反而觉得是那些过来人有点倚老卖老、经验主义。年轻人都希望自己的领导能够公平公正,不是因为谁有"裙带关系"就去重用谁,也不是因为谁会溜须拍马就去重用谁,大家更希望通过自己的努力、能力和价值得到真正的肯定和公平竞争的机会。

因此,对领导者来说,制造一个相对公平公正的职场环境尤为重要。这要求领导者拥有一定的心胸格局,能够换位思考,对待年轻人要像对待孩子的教育一般,多采取疏导的方式,少用堵的方式,看到优点先鼓励,再提出不足的地方,帮助年轻人及时修改、完善,得到真正的成长。

这不仅成就了年轻人,更成就了每一个过来人。当你成就别人、让别人感觉自己有价值的时候,团队才会壮大,人心才更聚集,创造出来的价值也会比想象中大很多。

成就别人也体现了过来人的包容大度。公司看的不是某个人有多么优秀,而是要看整个团队的价值;团队价值就体现在领导者识人、用人、待人等各个方面。

我们常说,有什么样的土壤,才会结出什么样的果子,放到公司和团队同样如此。

身为领导者,制造一个公平公正的职场环境,让每个人都没有后顾之忧,只管放开手努力奋斗,让能力实现变现,创造价值,团队氛围也会越来越积极阳光,这是一种相互的成就。

经常听到一个职场话题，什么样的工作才是理想型的工作？什么样的工作能让你在周一早上不焦虑？

稍微有点工作经验的人都知道，员工在选工作时会看钱吗？当然会看。但只是看钱吗？肯定不是。我相信每个人都希望得到自身价值的实现，被公司需要，能为公司创造价值，同时公司也能为自己提供不错的物质条件、平台和资源的加持，相互成就。

这才是员工和公司最好的关系，是彼此的理想型，我称之为相互滋养。

无论是老板和高管之间，还是部门领导和团队之间，都需要建立一种长期滋养的关系。这种滋养就是共同进步，相互成就。只有保持这种关系，二者之间才会长久稳定，才会目标一致。这一点我无须自谦，我的团队成员之间就是这样的关系。

团队初建时期，整体条件比较艰苦，但是我们大家心怀一个共同目标，支撑着我们一步步努力；在取得一个又一个小成就后，又支撑着我们更加大胆、快速地向前迈进。

公司发展到一定程度后，如同曾经的少年总要长大，员工就有了更多需求，这时候公司就要摆明姿态，让员工觉得在这个团队里，既能共苦，也能同甘。

相互滋养，就是当员工一步一步上升到不同阶段的时候，公司能给到他相应的名和利，否则这种关系就不能长久。我对自己的要求是，团队小伙伴的业绩提成、涨薪等方面，不用他张嘴，我要先想到，给他适配的东西，让大家心无旁骛地战斗，去创造价值。

关于长期相互滋养的关系，我觉得可以从三个方面讲述。

第一是物质层面。

物质是必须要有的。我们有很多员工入职三年、五年甚至十年以上，我们的电商事业部也从年度销售额几千万到如今突破 5 亿，公司和员工都在不断成长。因此，只要这个员工在他的职位上是称职的，每年都在创造价值，他的收入肯定是逐年上升的。

第二是情感层面。

如果说在物质层面，公司和员工的成就是相互的，那么在精神上、情感上则有过之而无不及。我一直要求自己要有同理心，用心去感受员工的感受，多站在员工的立场考虑问题，让团队之间的牵系不仅存于利益方面，也要多一些内在的关联。

我经常说，这些年我最大的收获，感受到的最有力的后盾，就是我的团队。而我的团队小伙伴也曾跟我说过一句特别温暖的话："我们相信，只要跟着你，就不会差。"

听到这句话，我非常感动。因为这意味着，首先大家对彼此完全信任，工作起来没有后顾之忧。其次，我们相互理解，不管我平时对他们的要求有多高、有多严厉，他们知道我是为了让大家一起变得更好、过得更好，结果也被不断证实。再次，当他们努力战斗的时候，不管是打了胜仗还是败仗，我都跟他们一起庆祝或一起承担，情感上的感同身受，源于躬身入局、一起战斗。

这种相互滋养，不只是物质的满足，更有精神的存在。

第三是相互成就。

其实相互成就这件事，很多人说，你好厉害，你带领的电商团队取得了什么成绩。我永远都回复一句话："我背后最大的支撑、动力和底气，就是我的团队。"

说起来可能很多人不信，我们团队的小伙伴如果放到大街上，可能都不那么起眼，单打独斗也不见得多么优秀，但他们就是可以实现一加一大于二，合在一起就是一个打不散的团队，战斗力非常强的团队。

这就是相互成就的力量。

我们拥有共同的目标，我的目标实现了，他们的目标也就实现了，当实现了共同的目标，一定会有共同的收获和分享。

成果的分享，首先是物质层面；其次是职位；再次是获得成长的价值感和对成功情绪的满足。

关于情绪满足，越来越多的"90后"员工在意这一点，他们认为做喜欢的工作。作为管理者，真的要像对待自己的孩子一样用心对待团队，你是否用心，别人完全感受得到。其中有一点很重要，就是及时肯定，不要吝啬你的认可。在团队小伙伴满腔热情的时候，尽量不要泼冷水，而是要助燃，让团队氛围再"燃"

一点。

如果说物质和精神层面的满足能建立员工和公司相互滋养的关系，那么，相互成就则能让这种关系更加稳定长久。

在我刚组建团队时，在别人看来，我或许是个组长，或许是个主管，也可能是个总监，甚至是个总经理，但实际上我就是个"光杆司令"。我逐渐成为一个名副其实的部门领导，有足够的话语权和分量，这就是团队对我的滋养。

同样，随着"倍轻松"这些年快速地发展，以及2021年顺利上市，"倍轻松"的平台和在这里任职的经历，都成为很多员工的背书和后盾，也会给大家带来更多的资源。

每年年底，行业间都会上演"挖墙脚"事件，团队中的小伙伴又被同行企业"挖"了，不过，并没有"挖"走。

我担心吗？有点，但并不焦虑。我对团队的成长感、价值感、团队氛围等方面非常有信心，在公平公正、相互滋养、相互成就的职场环境中，小伙伴们一门心思投入工作，再说我们的收入又不比同行差，想挖走我们团队的人，恐怕真得下血本。

不过，看到同行公司"挖人"的条件——做主管、经理，给出了很多诱人的条件，我不禁有点骄傲：我们团队小伙伴这么有市场啊！我们的团队这么厉害啊！看来，明年的销售目标可以再提高一点了。

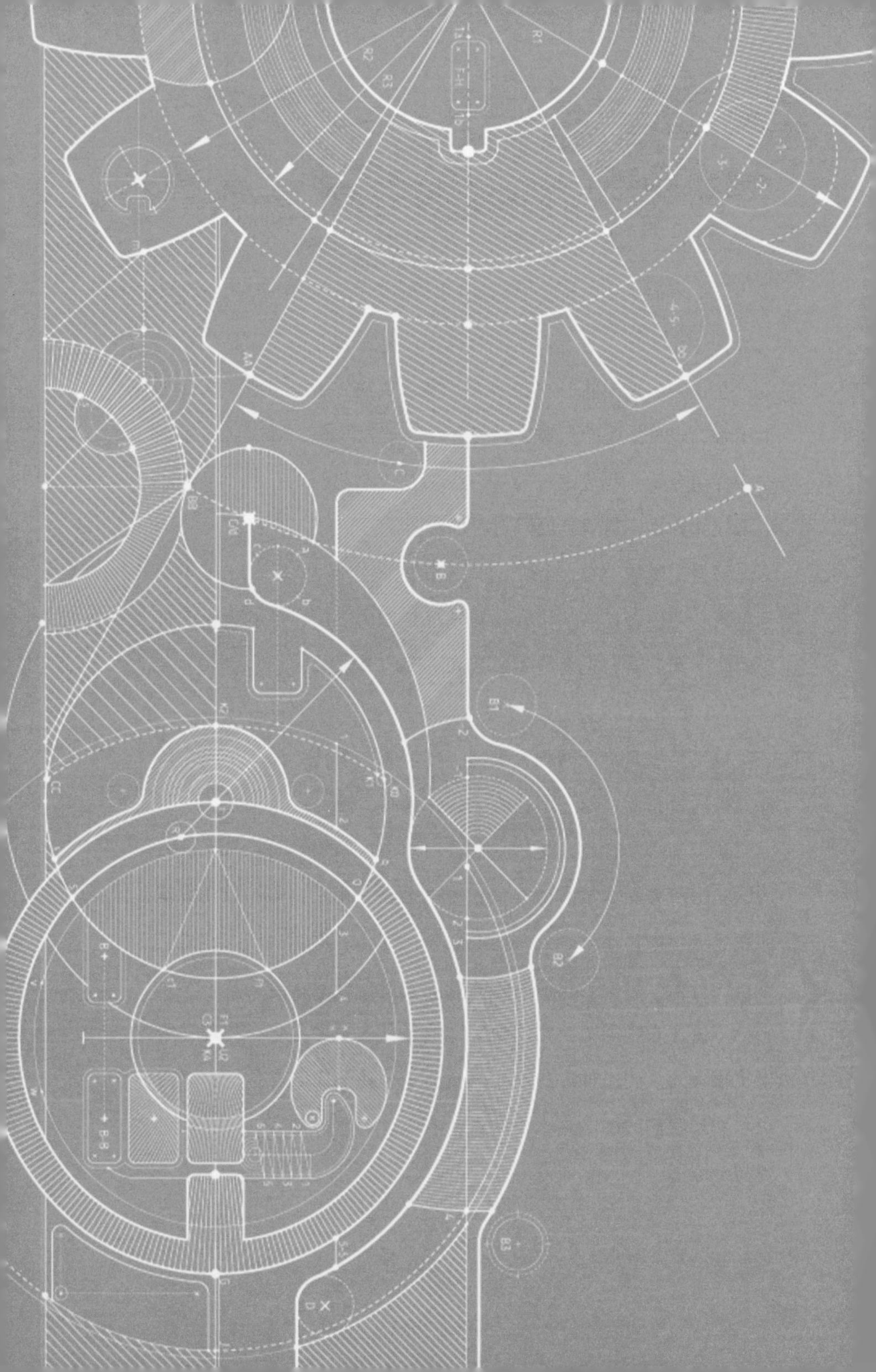

第四章

『充盈工作』稳固期：成为微妙的平衡者

站在 Boss 的角度看问题

对电商来说，有一个日子的隆重程度堪比春晚，那就是"双11"。和其他很多品牌一样，我们把每年的"双11"当作电商团队的大考，老板每年都会针对这个大促节点制定出销售目标。

基数小的时候，翻倍还没有那么难。尝试了很多路径，用上了很多方法，随着每一年实现的销量数值越来越大，市场占有率也越来越大，这时再想实现跳跃式增长，真的不太容易。

然而老板的要求没有降低，我们依然要冲击更高的目标。

这时，有人心里就开始抱怨了，觉得老板是不是太"贪心"了？

1. 老板在承受你难以想象的压力

我经常说,老板都是有"贪念"的,老板总是希望员工能像他一样把公司当成家,热爱加班,废寝忘食,甚至不要工资——虽然不太可能。但随着我们的队伍越来越大,我承担了越来越大的压力之后,我也开始理解老板的这种"贪念"了。

老板的"贪"源于他站得更高、看得更远、想得更多,站在观察全局的角度,危机感就会变强,从而有更高的追求、更快的速度。

所有的不理解都源于视角不同。我们觉得老板"贪",往往是只站在自己的立场看问题,如果能换位思考,假设企业是你的,你希望你的企业在一年、三年、五年、十年中发展成怎样的规模?面对竞争和压力的时候,如果你每年以30%的比例增长,而对手却以50%的比例增长,那么,你会要求你的团队业绩增长30%还是50%?

公司面临的问题,大到业务亏损、资金链断裂,小到工商关系、人事任免,任何一个环节出了岔子,承担后果和压力的最终都是老板。

你觉得老板要求过高,恰恰是因为"坏人"都是老板在做。当大家在背后抱怨老板的时候,也许他正在办公室里苦苦思考公司下个季度的盈利计划。

有人说,老板辛苦是为了让自己多赚钱,可你是否想过,如果老板都不想多赚钱,大家的工资又从哪里来?

很多人喜欢把"不想上班"挂在嘴边，其实大部分人就是过过"嘴瘾"，就像学生总喊"不想上学"一样，说完之后依然会风雨无阻地去学校，并不影响工作本身。但也有一部分人当真了，在工作中不尽力、不努力，上班就是在耗时间。

对这类人而言，工作毫无疑问是不开心的——你讨厌它、应付它，它怎么可能善待你？

工作不开心，压力大，一般有两个原因。一是工作量大，在规定时间内无法完成。我不认为这是老板或领导苛刻，领导在给这个职位匹配工作量的时候，绝不是随便分配的，一定会和你的职位要求、薪资水平挂钩，如果你只想享受这个职位的待遇，却不愿意付出这个职位应有的劳动，那你岂不是"双标"？

二是个人心态不好，总把自己放在与领导对立的位置上，觉得领导针对自己。其实我们一定要相信一点，领导绝对不是你的敌人，他比你更想好好经营，更想让团队变强，加快企业的发展。

领导比你的心态坚定许多、主动许多，所以跟领导相处，一定要多多包容理解。他也是人，也有自己的个性，当你能换位思考的时候，自然就能看到领导"不易"的一面，与之相处就变得容易多了。

2. 老板有你不知道的委屈

我曾和一位企业高管聊过老板心态的问题，他的一句话让我格外感同身受——我们的内心是被委屈撑大的。

第一个委屈：对员工来说，不管你的工资是3000元还是3万元，到了每月发工资的时候，无论公司赚没赚钱，都要把工资发给你，晚发几天都会被员工吐槽和抱怨。

很多人没想过，如果公司不盈利，这些钱来自哪里？有可能是贷款或借债。员工看到的是我该领工资了，工资太少了，而很少思考自己为公司创造了多少价值，自己的业绩能否与工资相匹配。

当销售情况不好或业绩不达标的时候，作为员工，总可以找各种各样的理由，比如抱怨产品不好、市场不好，然而老板只能面对结果，自己消化。

第二个委屈：对很多产销一体的公司而言，研发是公司的生命线，一旦研发人员离职，没有办法把他的大脑留下，老板面临的很可能是预研两三年的产品被泄密，投入了两三年的费用在半年之内变成别人的产品。

这种委屈没人知道，老板只能自己忍。

第三个委屈：很多企业到了一定规模，需要引进人才来提升组织竞争力，然而不管人才有多么辉煌的过去，都无法确保他能够在新公司充分发挥他的价值，这与他自己投入的责任心、能力相关，当然也和公司氛围、制度相关。

有时候老板高薪聘请了一个人，试用了三个月、半年后，发现他没有贡献任何价值,但拿走了普通员工一年甚至两年的薪资,这就是试错成本。

这样的痛和委屈,老板也只能自己忍,无论是不是他的错,都要为此买单。

总之,每个人在面对生活时都会受委屈,员工受了委屈,觉得压力大,可以找朋友狠狠吐槽一番,或者干脆辞职换工作;作为老板,除了忍下来,别无选择。

老板没时间吐槽,公司的事务也不好和别人吐槽;老板也不可能辞职,或者说辞职的成本太高。对员工来说,这只是一份工作;对老板来说,这是他的身家性命——公司是每一个老板的孩子,即使这个孩子再有问题,也不可能扔了不管,必须要负责到最后一刻。

如今我越来越理解老板的一些行为,因我在某些层面如部门扩大时,也面临像老板一样的抉择,也在承受与老板一样的压力。当然,有一些员工认为不合理的事情也是有原因的,或是积累已久的,需要老板及时调整。

所以,请尝试理解你的老板,尝试站在 Boss 的角度看问题。当你的职位越来越高,你自然而然就理解了老板的"简单粗暴"。届时,请记住自己此刻的心态,对下属温柔一点。

沟通力是一种重要的能力

我有一次出差时在飞机上看了一本关于企业管理的书，作者在序言里写了这样一段话："在当下的企业里，员工最重要的能力已不是业务能力，而是沟通能力，业务能力是基础，而沟通能力能赋予企业个体相加的整体能力。"

我深以为然。

我们在平时的工作中跟领导汇报工作，跟同事协调工作，跟下属布置工作，在开会时的发言，给客户介绍方案等，沟通的场景无处不在。越来越多的人发现，说段话怎么这么难呢？别人为何听不懂我说的话呢？我的方案为什么总被否呢？

这不仅是新员工存在的问题，很多老员工也有此类困惑。

比如我们有一位非常优秀的运营经理，他在数据分析、行业趋势判断、运营创意等方面十分专业，但他有一个最大的问题，就是讲的话永远不是别人想听的。

他在阐述项目情况时，总是一个点一个点地讲，口头禅是"对了，还有这里""然后呢"，让人感觉他说的内容很随机，想到哪里讲到哪里；他会无限放大自己觉得重要的点，如果他总共讲述30分钟，在那个点上他会花费20分钟，并且不是多角度阐述，而是反复重复。他的本意是引起大家对这个点的关注，但由于车轱辘话不断，让听的人逐渐失去耐心和兴趣。

每次开会时听他发言，我都替他着急。也正因为如此，虽然他的业务能力强，但他一直难以晋升，难以带更大的团队。

在职场中，沟通力是一种重要的能力，三言两语让别人听懂你的意图非常重要。

对于想要提升沟通能力的人，我认为可以分为两种情况，即"肚里有货"和"肚里没货"，看看自己目前属于哪个阶段，再有针对性地去提升。

1."肚里有货"也会翻车吗？

人和电脑一样，先输入，才能输出。如果没有输入足够的内容，到了用的时候是无法调出内容的。然而，想沟通到位，除了"肚里有货"，也要做好充分的准备。

上面提到的运营经理,就是"肚里有货"而不知道该怎么讲,这类人在职场中是很吃亏的。改善的方法如下。

首先,明确你的沟通对象是谁。

如果是讲给一群员工听,例如做培训,就要教给他们如何操作,要做到什么目标。

如果对方是合作伙伴或客户,就要说出实施这个方案之后能够产生怎样的价值。

如果跟领导沟通,就要告诉他,你为什么要做这件事,想怎么做,能达到什么效果,需要几个部门来配合,每个部门的分工大概如何;而不是全盘抛给领导,让领导判断该不该做和该怎么做,再按照领导说的去做。这样会显得你没有想法,领导也会有潜台词:什么都要我动脑子,我要你干什么?我招个执行人员不就行了?

其次,学会列提纲、分条目。

把要表达的内容抓纲带目地串联起来,有主题,有目标,有具体方法,清晰明了。讲完之后还要留给大家思考和讨论的时间,向需要确认的人有技巧地定向发问,问的过程中就把大家的时间、分工和领导确认的方向搞定了。

有人说,开会带节奏太难了。其实不难,开会前要先确定会议的主题和目的,不管是前面的个人阐述,还是后面的定向发问,都是为了推进项目的进程和结果。

谨记会议的主题和目的，就不会像聊闲天一样散了。

2."肚里没货"就先"存货"

另一类人是"肚里空空"，没内容可讲，我的建议是先不讲，先听，先学。

以新员工为例，大部分刚入职的员工对公司而言都是白纸一张，一定要大量输入内容，他们才可以讲出内容。

我们每一次的经营报告会、月度总结会、产品会、首发会，包括"双11"运营会等，新员工都可以参加。在会上只要认真听，就会对公司业务有飞速的了解，同时会上会有跨部门沟通，有领导点评，也会让新员工更快熟悉工作内容和方法、方向，这些都是很好的输入。

有些年轻人总在网上吐槽自己的公司开会多，不是在开会，就是在去会议室的路上，都没时间干活了。其实每个会都是必要的，虽然当时占用了一段时间，但开会时如果能够捋顺工作思路，会后就能更快地完成工作。

会议不只是相互学习的机会，也是发现人才的机会。

月总结的时候，一位伙伴做了一个53页的PPT，整理了整个行业的数据，对竞品的数据和自身的数据都做了深入分析。而且她的分析不只是在销售板块，把营销层面也考虑进去了。由于她准备充分，讲解时逻辑清晰且自然，虽有海量数据，却没有花费太多时间。

她的表现让我眼前一亮,也得到了其他同事的赞许。

对此,大家感受到了"内卷"的压力,但毫不掩饰地说,我们要欣赏这种"内卷",这会让优秀的人变得更加优秀。

真诚是最好的情商

"这个项目我不想做了,让别人负责吧。"

公司会议上,做好工作分工时,有人这么对你说,你会怎么办?

这是在我公司真实发生的一幕,场面一度尴尬,沟通失败的警铃在我的脑海中瞬间拉响了警报。说实在的,我不怕员工提出异议,有问题讲出来总比憋着强,但在公开场合如此赌气般地生硬回绝,还出自一位在团队工作十年以上的老员工之口,我想肯定是有原因的,她的抵触情绪里或许藏着她内心的委屈。

会议结束后,我找到这位员工进行单独沟通。

她叫小H，在我组建团队之初就入职了，是这么多年一直陪我并肩作战的战友。于我而言，她不仅是一位员工，也像是我的老朋友，我们之间有很多私人情感，她也见证了团队一路走来的不易，我打心里感恩她的不离不弃。

但从公司层面来说，团队在不断发展壮大，一批又一批新人进入公司，坦白讲，如今这个阶段，我们对人才的要求和标准更高——在面临外部激烈竞争的同时，内部的每个人都是不进则退。

如果有人跟不上节奏，在很多企业可能都面临被淘汰，但我不想这样，我觉得每个人都有自己的价值，只要放在合适的位置上就能发挥出来。

小H就属于这类老员工。刚入职的时候，在起步阶段的团队和岗位上，她是胜任的，然而随着这十多年来"倍轻松"业务的迅速发展，她变得有点跟不上团队的节奏了。

她最大的优势是熟悉公司的各种情况，人也很积极热情，由此慢慢转到了人事、行政岗位，负责在每次大的活动前招募并培训兼职客服人员。有一年的"双11"，我们的销售目标比上一年翻了一倍，于是就希望有更多的客服保障，除了需要招募更多的兼职客服，还要安排员工在线接待。

筹备工作比之前多了许多，小H由于个人原因，不管在时间精力上，还是对工作的熟悉程度上，负责这项工作都有点吃力，所以我调了另一位同事协助她来完成。

然而这在小H看来，第一反应是领导派人分了她的权，她的工作被瓜分，自己的价值感、存在感被削弱，明明自己是公司的老员工，却不断被新人冲击，成了看上去不那么重要的人——作为危机感、自驱力都很强的"80后"，她在生自己的气，害怕自己不被需要了。

我完全理解她的心情。2014年，那时的我也还年轻，在生小孩前两天仍在工作，出了月子就马上上班，当时的我和她的心理差不多。我们不允许自己掉队，但身为女性，却有一些客观因素让我们不得不分散精力和重心。

推心置腹地聊开之后，我是这样和她说的：首先我绝对认同她对公司的贡献，论情感、忠诚和信任，公司里没人能比得过她，也正因为如此，我对她的关注度反而不够，安排的岗位没有给她足够的价值感，她的情绪不断积累才终于爆发。其次，我要她必须面对一个现实，就是公司在不断发展壮大，一定会需要不同类型的人才，我们都要宽容纳新，并有所传承。再次，我指出了她的问题，有任何异议可以随时找我私下沟通，但不应该在会上公然反对，这样不仅解决不了问题，还会影响团队氛围。最后，回到沟通的目的，也就是解决问题上，我说我们都要以公司利益为重，这次筹备工作依然由她主导，另外一位同事负责协调，多一个人不是分权，而是共同承担，希望他们做好分工，圆满完成工作。

其实，前面说开了，她的情绪就已经释然了，她还主动提出了一些自己的想法。

"沟通失败"这种事在职场比较常见，对此采取回避和指责的态度根本解决不了问题，而是要面对和找到解决办法。真诚是最好的必杀技，补救的关键就是换位思考，找到背后的原因，进行二次沟通，一般都能疏通，后续的工作也能变得顺利，彼此的心里也不会留下疙瘩，这也是团队领导者必备的能力。

面对越级汇报和危机公关

当团队发展到一定规模，个人做到一定职位时，从之前的汇报者逐渐变为聆听者，再成为微妙的平衡者，不同阶段角色的转换需要我们做好以下准备。

首先，团队小的时候要明确流程、去"官僚化"。

最初在"倍轻松"，凡事都是我亲力亲为，后来发展到十个人，每个人的情绪和事务我都能顾及，采取的是扁平化管理。大家共同成长，共同打天下，已经习惯了凡事向我汇报，我也会一一答复、处理。

当团队逐渐壮大，人数越来越多，从十个人发展到五十个人的时候，实际上团队开始"断代"，内部也产生了层级，此时大家的关系就有点微妙了。作为领导者，不可能随时辐射到所有人，就需要及时意识到这点并处理好层级关系，此时最重要的就是要明确公司流程，要清楚地告诉大家，我们为什么要制定这个流程，目的和原因是什么，不要越级，要让大家都能心甘情愿地接受。

比如我有一个深圳的团队，里面有个姑娘，最开始只是一名客服主管，后来团队发展到四十多人，她代我去管理深圳地区的人事、行政等问题。有个和她平级的老员工有一次直接和我请假，我就告诉他，你要和她沟通，只要她同意，我就没问题。

一方面，我不会打击请假的人，不会让他觉得身为老员工，我怎么连和你直接对话的资格都没有；另一方面也是告诉他，一定要走流程，团队有团队的规矩，部门也要保证正常的运转。要解释清楚你的用意，疏通员工的心理，而不是给人我们级别不同，就越来越官僚、势利的感觉。

其次，当团队达到一定规模时，要学会"和稀泥"。

之前的我觉得做人做事必须一是一、二是二，绝不能"和稀泥"，但是当团队大到需要引进更多人才，甚至新人管理者的数量超过老员工的时候，我发现"和稀泥"与"感情牌"是非常好用的两件利器。

团队小的时候，成员彼此之间有着"革命友情"，可能我采取任何管理方式大家都能理解。然而一旦超过几十人，增加了新的管理者时，就必须考虑新的管理者的感受和作用。

新管理者可能很在乎自己的职位，如果越级汇报，会让他们觉得"你是不是忽视了我的存在"。有些老员工很早进入公司打拼，他们可能觉得跟我汇报工作不算越级，顶多是顺便讲了一下，这时就需要引导他们去向新的管理者汇报。要告诉他们，我们的情感没有变，但是流程确实变了，不是说谁比谁重要，而是团队中需要不同的人来赋能；这不是关系远近的问题，而是一种尊重，只有尊重彼此，团队才能和谐，才能有凝聚力。

在新老交替的阶段，可能每个管理者都能感受到一种无形的力量，就是"面和心不和"，私下里微妙地较劲儿。其实我非常清楚老员工的脾气秉性、优点缺点，但也需要让新人将自己的优势发挥到极致。

利用中午吃饭的时间，我会和大家聊一聊这么多年来的不容易，要先肯定老员工的辛苦努力和付出，再要求老员工带一带新人，真正做到"青出于蓝而胜于蓝"。我说之前的我们就像是住在农村的茅草屋，一砖一瓦都是每个人一手一脚搭建出来的。后来我们发现已经不满足于过农村生活了，需要搬进城里，盖几间平房，加一些钢筋水泥，让房子变得更漂亮。再后来，我们看到了高楼大厦，于是也想住进楼里，住进了板楼，又想住高品质小区，住进了高品质小区，又想住别墅。

然而不同的地方需要不同的结构支撑，这个结构就是我们的人才密度。我说："所有的历史都值得被肯定，所有的未来都值得被期许。"过去的人在过去的某些时刻都是最重要的，也是作出最大贡献的,但未来只靠我们这些人没黑没白地干也支撑不住,我们需要人才密度的增加,比如招一些更加专业的、有见识和资源的人来,我们既要保留老员工"遗传"下来的好的文化和品质,也要敞开胸怀,接受外部力量带来的新的能量、优势、资源和方法。

总之,处在领导者的位置,自己要先清晰地了解流程,才能告诉下面的人应该怎么做。新人管理者到来的时候,往往会给他们更宽松的政策、更肯定的语言,这时更要留意在核心梯队坚守的老员工,不要让他们有失落感。对于老员工,用"和稀泥"和"感情牌"的根本,在于慢慢影响他们,放大自己的格局,让他们明白,成就新人的同时,也是成就自己。

身在职场,难免也会遇到危机,遇到危机的时候不要慌,先看看面临的危机是什么类型。

第一种危机,是由失误造成的可化解的危机,处理得好,还有可能化"危机"为"机遇"。

在来到"倍轻松"之前,我在一家公司任策划总监,主要负责200多家媒体的广告策划,以及公司几本刊物的内容编辑、排版设计等工作。

有一次公司在《参考消息》上刊登了一则广告,原本199元一桶的蛋白粉被印成了99元一桶,校对的时候没有校出来,发现的时候报纸已经出版上市了。由于《参考消息》是日报,第二天我们便在同样的版面上发布了致歉声明，首先承认这是我们的失误；其次对消费者说，从刊登错误的广告之日起截止到今天报纸发出的24时，售出的蛋白粉均以99元一桶售出，之后恢复到199元一桶；同时，我们还印制了一批优惠券，消费者一次性买多少桶之后，用这张券就可获得99元买一桶的机会。我们将这次失误变成了一次促销的机会。

那时候我们有多种刊物，其中有一本刊专门针对女性群体，送刊的同时也会赠送一些适合女性的用品。有一次刊物上的电话号码印错了，在那个年代，还没有二维码，客户能联系到我们的唯一方式就是打电话，可是电话印错了，相当于印刷成本、邮递成本都打了水漂。面对公司的追责，我们无地自容，可是哭、自罚和离职根本解决不了问题，必须快速做出反应，将损失降到最低。于是我们对这些客户发出了致歉信，在纠正电话号码的同时声明，凡是打了错误电话产生订购的客户，都能获得优惠。这也是将坏事变为好事的一个案例，变致歉为促销，降低损失的同时，还带来了一些增值，这就是化解此类危机的办法。

第二种危机，是产品本身就有问题。这没什么可说的，必须承认错误，除了道歉就是改过，在消费者面前，不要用一个谎言去圆另一个谎言。

第三种危机，就是面对恶意竞争。在我看来，有时候沉默也是一种力量。

有的企业可能会采取危机公关，快速反应、撤稿、反击等方式，但如果我们的能力还达不到控制全局，无法左右媒体和舆论，尤其是在偏离事实，被对手抹黑的时候，最好的应对方式就是保持沉默。

我们也遇到过类似的危机。我们的底气来自我们的产品本身，每款新产品都会经过长时间的研发和多次的打磨、试验，必须要有真实的试用才能上市。说实话，我们并不擅长利用红利和流量去营销产品，在不擅长的层面，我们往往选择默默等待时机。当有人质疑我们的产品成本时，危机公关的最佳方式不是急于解释，化解的关键恰恰来自用户的真实反馈。

我们更加意识到，扎扎实实做好自己的产品，为用户体验和服务能够达到最佳而不断努力，完全不用担心那些不可控的事情，因为消费者自有论断，"无为"胜过"有为"，沉默也是一种力量。

成为让资源偏爱的人

资源偏爱强者,这种偏爱是能够给他们带来有利的人和事,有了各路资源的加持,才更容易成事。反之亦然。

自身核心竞争力强的人,更容易吸引资源,也更能让资源的价值最大化。本篇就来聊聊职场中关于资源的那些事。

1. 什么能称为资源?

身边的任何东西都可以被称为资源,首要的就是人。

(1) 团队是你最大的资源

团队是直接与你一起干事的人,一起战斗的人。如果你是员工,在一个强大的团队里会成长得更快,跟着团队向前跑,会迅速跑起来；如果你是领导，团队就是你的核心资源，团队代表了你的战斗力。

（2）领导是能带你起飞的资源

无论从视野、智慧、经验还是可调配的资源方面，领导都是你的最优资源。但他一定会选择把资源给能创造更大价值的人，这样才能确保他负责的项目顺利完成。让他看到你的能力，就是争取资源的最好方式。

如果有幸碰到一个能力强的领导，他不仅能给团队争取到更多的资源，还能快速提升你的专业能力，这样的领导就是职场的老师、贵人，敞开了跟他学习，他能带你起飞。

（3）平台是给你背书的资源

有一个人在"大厂"工作了两年，另一个人在一家不足十人的小公司工作了两年，他们在换工作时，如果你是HR，你觉得哪份简历更吸引人？

六七年前，我们找媒体合作时，百万粉丝的大号都很难谈下来，而如今，我们投放的都是千万粉丝级的流量主。这一切都源于我们背后的平台、品牌力在不断在地提升、加强。可见，平台资源是无形却有力的支撑。

（4）客户是让你离交付更近的资源

客户有两类，一是C端的用户，二是能够帮我们把产品卖给用户的中间商。

对C端用户来说，我们想要获得更好的用户价值，就要真正站在用户的角度去考虑问题。我们应该关注用户体验、用户评价、产品价值,定期做用户调研等,倾听用户的一手反馈,优化我们的产品。

对中间商同样如此。我经常说,甲方乙方只是一种代称,当我们是甲方时,一定不能有所谓的甲方心态,反而要感谢乙方帮我们解决问题,帮我们销售产品;如果我们是乙方,我们也要对这次合作负责,为创造价值努力提供产品和服务,真正用于用户,而不是为了讨好甲方。

因此,与客户换位思考,相互信任,才能获得更好的资源。

2. 如何吸引更多的资源?

首先,不管你的能力有多强,还是要保持真诚、主动、努力、低调,和伙伴之间拥有良好的氛围,让别人愿意帮你。

就像我们看影视剧一样,活不过三集的角色,一般不是能力差或战斗力弱,而是招人恨的人。

其次,想要获取资源,关键还要强化自己的优势,形成自己的差异化竞争能力,对团队有价值——资源偏爱强者。

具体来说,第一,把领导的目标当成自己的目标,共识和同频十分重要。

比如,小张在策划渠道推广活动时,将200万元成本以方案招商联合品牌的方式,让其他品牌分摊,自己没有出钱,却占据了主导地位，还扩大了品牌影响力，而不是把花不花 200 万元的问题直接抛给领导。在帮领导拓展业务的同时，还提供了解决问题的新思路，不仅发挥了小张自己的价值，还给公司盈利贡献了力量。

第二，有想法，还要有可行性的落地计划和可评估结果。

想法不能停留在口头上，而要准备一份尽可能详细的方案，以及能让领导看得到的结果。在一件事情没有具体执行前，没有人知道结果会怎样，但从你对问题的思考、工作的准备、执行的规划等方面，以及条理清晰的方案上，能让领导觉得你是一个靠谱的人，最后把承诺的结果拿回来交付。

清醒认知:你是"平台型"选手,还是"能力型"选手?

每到年底,网上的热门话题之一就是晒年终奖,有搞笑的,说自己的年终奖是一条领导群发的祝福微信;也有"凡尔赛"的,说自己今年特别差,只有15薪、16薪;更有纯围观发表各种评论的,总之氛围相当热烈。

"20人的创业公司,没有年终奖,但是年底绩效提成20万元。"

当各位"大厂"员工的15薪、16薪被各种艳羡时,这条非常简单的发言迅速被大家"打捞",随之展开热议。

"牛啊,兄弟,这就叫靠实力挣年终奖。"

"这比在'大厂'混到年底拿十五薪牛多了,你的才华不止于此，去'大厂'能拿18薪！"

我也被这位"自己挣年终奖"的仁兄吸引了，并且很认同网友的观点。一个在没有平台优势的小型创业公司工作却取得优异成绩的人，大概率会比在"大厂"拿同等薪资的人更"能打"。

当然不是说在大平台好混，其实大平台除了对业务能力有要求，还需要你有其他更全面的能力。大平台也有很多"牛人"，只是平台的加持是天然优势，也是巨大的优势；而在小型公司的人，没有平台的助力，还能杀出重围，取得让人瞩目的成绩，必是经历了更为艰难的过程。

简单点来说，"平台型"人才和"能力型"人才是有巨大区别的，战斗力是不同的。我们可以问一下自己：我是"平台型"选手，还是"能力型"选手呢？

在我们工作三年、五年甚至十年后，很多人已经晋升到管理层，这时可能会面临一些外部的诱惑，比如，同行公司来挖你，许诺你职位提升、薪资翻倍等。很多人会有两种反应，一是辞职走人，去拿高薪；二是跟自己的公司领导谈判，要求涨薪，否则就跳槽。

其实，此时我们应该客观理性地思考一下，自己是"平台型"选手，还是"能力型"选手。别人愿意为你出那么多钱，究竟是你个人的能力所值，还是平台加持所致？你的整个成长路上，是平台成就了你，还是你促进了平台的发展？

如果你是部门领导,是在你的主导下为公司创造了巨大价值,使你当之无愧地成为一名领导者,还是你在公司年头久了,熬到了领导的职位?

1."平台型"的选手有点挑

我有一个朋友在宝洁公司工作。宝洁是一家很有平台力的公司,拥有严谨的组织和体系,公司的流程和制度就像火车轨道一样,哪怕应届毕业生刚进入公司,也能很快在轨道上奔跑,很难出错。只要轨道不出错,你可以一直加速度,顺势往前走,或许不需要思考和争取太多,就可以乘风而行。

公司内部还有轮岗制。今天你负责线下销售,明天或许让你负责线上业务,后天你可能成为市场部的一员,再过一段时间,你可能又成了一个GTM(贸易总经理)。

因此,在这样一个大的组织体系下,平台的力量很可能强于个人的能力,或者说是平台成就了个人的能力。

很多人觉得,宝洁公司的员工多厉害啊,在公司做过那么多岗位,可能好几个岗位都做到了领导,如果出去应该会有更好的机会吧。

我这位朋友也是这样想的。他在宝洁工作了八年,准备跳槽时拿到了好几家大公司的offer,给他的薪资非常可观。

他踌躇满志地去了A公司,可是干了一段时间,远没有他想象中的愉悦,项目开展不下去,团队积极性调动不起来,甚至在年底的公司综合评分中垫底，就这样，不到一年他就离职了。

但他不认为这是自己的问题，他也没意识到在宝洁时，是平台赋予了他能力，平台的流程制度等为他开展项目做了保驾护航，反而认为是新公司的问题，不能发挥自己的能力和价值。

后来，他又去了另一家公司，一家规模中等的新锐公司。这样的公司更要求员工拥有强大的个人能力，结果不出所料，三个月后他又干不下去了。

这就是典型的"平台型"选手，适配组织体系比较完善的大公司，在成熟的跑道、调控好的转速中，才能更好地发挥价值。

2."能力型"的选手很适配

"能力型"的选手，典型的特征有两个：一是倔强生长，有非常强的主导性和自驱力，为了达到目标会想尽一切办法，有很强的战斗力；二是适配性极强，无论把他放在哪个组织里，他都能快速融入，能适应几乎所有的组织和企业文化，能快速在一个崭新的环境中站稳脚跟，创造出最大的价值。

这里想夸一下我们团队的同事小S，她负责公司的新媒体运营。她曾让我们一个全新的抖音号，两周就从"裸奔"涨到30万粉丝，而且没有采用花成本做推广的形式，而是用了非常讨巧又见效的方式——借力。

我们在2021年邀请明星做代言的时候，受到无数明星粉丝的关注。在深圳拍摄宣传片那天，小S毛遂自荐去了现场，希望找机会拍摄花絮做宣传。在离拍摄现场还有几公里的时候，路上就出现了很多代言明星的粉丝，举着牌子，成群结队地前往现场。小 S 看到后，马上让司机停车，进入了粉丝群，和粉丝们一起往现场走。

同时，她拿出手机登录那个"裸奔"的抖音号，开始做直播。直播的时候，她并没有很官方地介绍产品，而是自嘲地表示："我们是迄今为止最悲惨的官方'爸爸'号，我们目前是零粉丝，但是请相信，我们真的是官方号……"

她一边自嘲，一边和粉丝们攀谈，引起了大家的注意，这时她便邀请大家关注抖音号。她一路直播进入拍摄现场，拍到后台工作人员、环境等，让大家对这个官方号深信不疑，又对堂堂官方号的粉丝数深表同情。

就这样，一天下来，那个抖音号的粉丝涨了将近 20 万人。

这就是"能力型"选手的能量，心中没有那么多条条框框，一切以完成工作为目标，灵活而有韧性。

在"倍轻松"的 17 年里，随着团队一天天壮大，我也体会到严密的组织体系、科学的流程制度对公司扩大规模后的稳固发展至关重要。

我依然喜欢"能力型"选手的那股冲劲儿，他们永远怀揣一颗少年心，上天入地全不怕。正是有了这种人才的不断加入，"倍轻松"的平台才变得更加坚实有力，公司和员工才能实现双向推动。

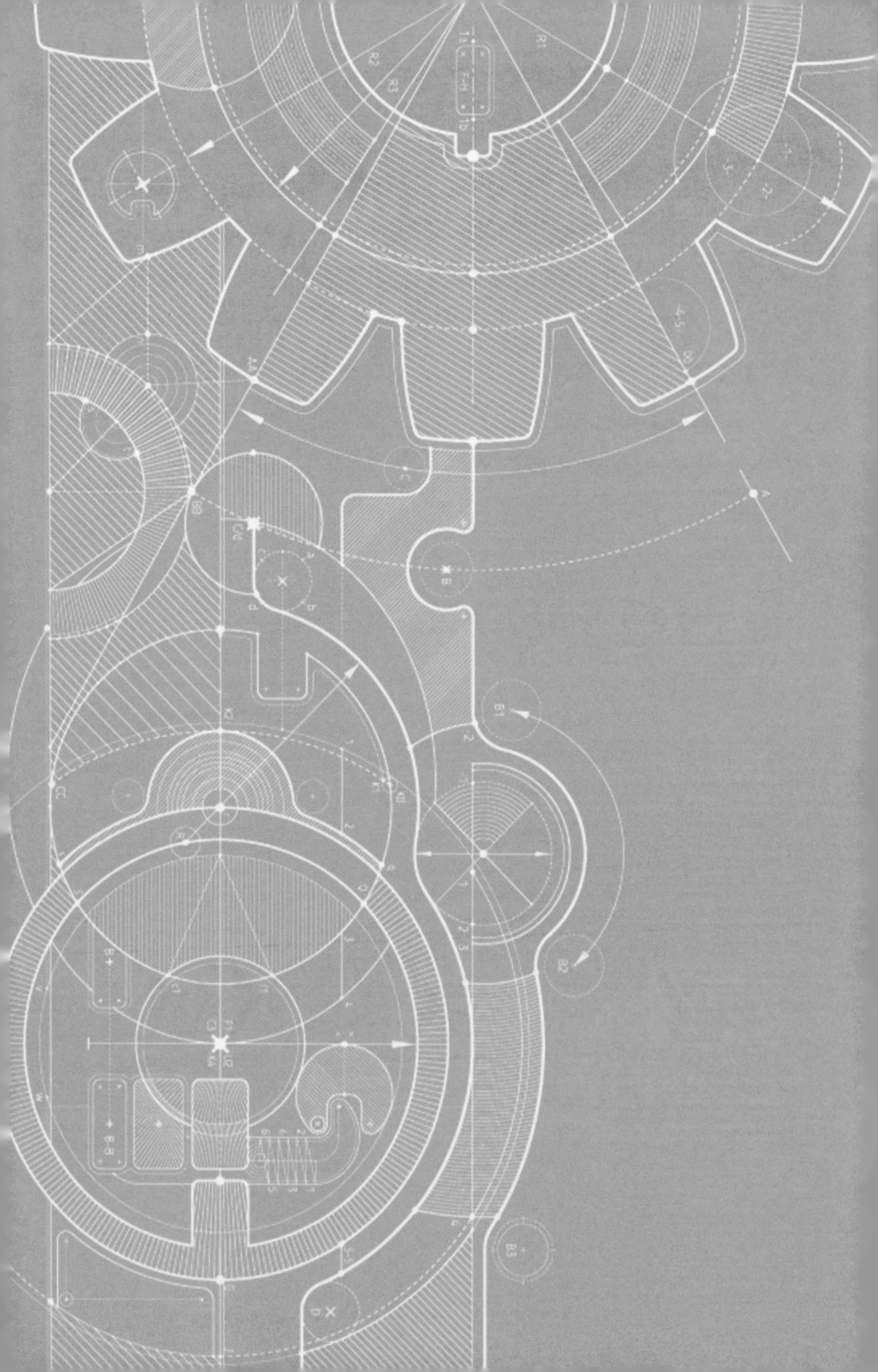

第五章

「松弛感」传承期：成为努力的乐活者

不让情绪左右自己

先分享一个令我感到"社死"的故事。

大概七八年前,我的一个朋友喊我去他组织的饭局,他是一家中小型企业的高管,那时在开展一项新的业务。饭局上,他的老板和几位重要客户都在,我作为他的好友兼客户也在被邀请之列。

酒过三巡后,我朋友的老板有点喝高了,突然当着众人的面训斥我朋友的新业务开展不力,对诸位客户的维护做得不到位,我朋友的表情瞬间尴尬起来。在座各位为了缓解气氛,开始替我朋友说话,谁知那位老板属于给个梯子就往上爬的类型,众人一劝说,他不但没有收敛,反而更加口若悬河:"这点小事都干不好，也不知道是干什么吃的。"

我朋友的脸色变得煞白，场面陷入极度尴尬之中。尤其对我来说，我不是他们公司的重要客户，我是冲着朋友的面子才参加的饭局，当时看他被骂得狗血淋头，我真是恨不得原地消失。我纠结要不要开口帮他说话，帮吧，可能会让他的老板更加"人来疯"，让他更没面子，而且我一旦参与，以后交往时想假装酒后失忆就难了；但默默看着吧，气氛又实在尴尬。后来我还是选择了降低存在感，就跟邻座的几位男士交换了一下眼神，他们举起酒杯去和老板喝酒，才算是帮我的朋友解了围。

事后，我跟那位朋友依然保持联系，但很默契地对这件事闭口不谈。

当时我就想，还好我没有摊上这样的老板，而我也要自省，在带团队时，坚决不能如此粗暴地伤害员工的自尊，不做控制不了情绪的领导。

其实我对那位老板的"暴政"略有耳闻。相传他的脾气很大，在公司经常不分青红皂白地发火，每次开会都是以他的骂声结束，因此公司的氛围特别压抑。他不在公司还好，只要他一踏进公司，空气就像瞬间被冻住一样，员工们一天下来鸦雀无声，比高中自习课的纪律都好多了。

他们公司的人员流动性非常大，几乎没有超过一年的"老人"。我朋友是个例外，因为他有自己的目的。他的老板有一项优势，就是虽然脾气大，但是能力也强，而且只要虚心求教，他也愿意教。我朋友的目的就是学习，像海绵一样吸收老板的能力，变成自己的核心价值。

那次饭局时，我朋友已经隐忍了两年，做到了公司高层，把老板的核心本领学习得差不多了，于是，在饭局之后的三个月，他提出了离职，创建了自己的公司。

如今，他的公司早已超过当初他老板的公司，成为业内市场占有率逐渐攀升的新锐公司。

举我朋友的例子，是因为他受到的委屈比较典型。很多人一提到职场情绪压力，就会想到这样的场景，被老板骂，被领导骂，被同事排挤……这些让人感到不快的经历，都属于职场的情绪暴力。

不过，随着时代的发展，骂人的老板越来越少了，我们直接面对情绪暴力的机会其实并不多，但还是有很多人一上班就不开心，在上班的路上容易"路怒"，工作过程中更是经常感到烦躁，开口就撑人。

你是不是经常有这样的感觉，怎么刚到公司就这么累呢？那是因为，你已经付出了太多的情绪成本。

回想一下，你是不是从周日晚上就开始为周一上班而焦虑、叹气了？

与客户约了周二上午的拜访，你是不是从前一天甚至前几天就开始考虑，周二穿什么衣服，做不做发型，以及领导交代的谈判任务如果完不成该怎么办，对方不好沟通怎么办，方案被否定了怎么办，自己的表现会不会太局促了等诸多问题。

事情还没干呢，心里就为它投入了大量的精力，等到开始干的时候，就已经身心俱疲了。

这是比职场情绪暴力更常见的情绪成本，是无形却无处不在的情绪压力，也是真正让职场人讨厌上班甚至情绪崩溃的主要原因。

爱骂人的老板毕竟是少数，大不了离职换个工作，但这种无形的情绪成本几乎充斥着职场，这种情绪压力的源头是自己，开关也是由自己控制的。

这就是为什么很多人躲过了脾气暴躁的老板，却躲不过让人心累的职场感受的原因。

针对以上职场委屈和情绪压力，我们该如何调节呢？答案很简单，就是像产品经理一样去管理你的情绪。

第一，正视情绪压力，解决它。

如果是第一种由情绪暴力引发的委屈和压力，最好像我朋友那样，想清楚自己的目的，如果选择留下来忍受那些情绪压力，那么你想要获得的到底是什么。为了自己的目标去努力，不必在意老板的语气好不好，听你想听的，学你想学的，不想听的及时过滤掉就好。

如果是第二种由自己带来的情绪压力，就先让自己自信一点，减少每次做决定或处理工作事务时的纠结过程，给自己限定时间。

比如，准备某次谈判只花一小时，选择某个PPT模板最多用5分钟，确定之后就不再重复比较，马上投入下一项工作中，不给自己心里存放情绪垃圾的空间。

第二，改变心态，客观判断。

面对职场中的委屈，首先要客观判断，而不是过于情绪化地主观猜测，或是陷入思维定式，先入为主。

举个例子，有些公司会存在"关系户"，王总的女儿、李总的外甥等，不少人对这类人被提拔心存不满，经常满腹委屈地诉苦：自己勤勤恳恳，到头来还不是被老板的亲戚踩在脚下。

实际上，除了本身就没有什么远见的领导，安排这些"关系户"对整体公司来说未必是坏事。

毕竟人是社会性动物，我们在一个陌生的场合，一定会靠近自己熟悉的人，也更愿意相信自己认识的人，职场中显然也存在这样的关系网。

王总的女儿也许能给公司带来千万级的大单，那么提拔她当一个中层领导有何不可呢？对老板来说，业务能力才是铁打的，能给公司挣钱才是最重要的。提拔"关系户"，有可能真的是这个人具备这个价值，恰好也是"关系户"而已。

而且，我们要明白一点：在职场，没什么事情是否定你个人的，基本上都是对事不对人。被领导批评做得不好，几乎都是指你在做的这件事，而不是指你这个人。就连我朋友被老板训斥，也是因为他那项新业务推进得确实不理想，那位老板的问题不在于训斥，而在于不应该在饭局上用粗俗的语言当众批评下属。

看到这一层之后，很多小委屈或许也无伤大雅，甚至不值一提了。当你不把时间总花在为自己委屈时，你就会投入更多精力来提升自己的能力，最后发现自己已经变得越来越厉害了。

退一万步讲，如果老板真的缺少格局，不信任员工，非要提拔自己的亲戚担任公司重要职位，那么反而容易解决了：明确你的目标，想想这家公司是否有能够吸引你留下来的理由，如果有，那么就为了你的目标去工作，不要在意其他的。

第三，接受不确定性，缓解焦虑感。

成功的人往往喜欢不确定性。有个段子说：以前总觉得不上班的人在混日子，现在才知道，上班的人才真的是在混日子。

塔勒布在《反脆弱》一书中说："对随机性、不确定性和混沌是一样的：你要利用它们，而不是躲避它们。你要成为火，渴望得到风的吹拂。"

身在职场的我们，跟远古时代我们的祖先身在猎场的本质没有什么不同，目标明确，身手敏捷，抗击打能力强，保持战斗状态，才能获得更多的生存资本。

第四，不排斥不喜欢的事物。

据不完全统计，约 80% 的人做的工作都是自己不喜欢的。

如果你能知道自己喜欢什么、想要什么，又恰好正在从事你喜欢的工作，那么恭喜你，你已经超越身边 80% 的人了。

然而，即使你正做着自己喜欢的事，依然不可能每时每刻都能感到快乐。依然每隔几天就有摔键盘的冲动。从兴趣到工作，从爱好者到专业人员，中间隔着天堑。在你每天琢磨它、不断试错、不断精进的过程中，当初的兴趣早就被消磨殆尽，让你持续下去的就是习惯和责任淬炼出来的热爱了。

我们走在专业化的路上，就会感知到新趋势、新潮流下的新事物，可能很多是我们不喜欢的、不擅长的，但一定不要排斥，让自己有一颗探索的心。

相信很多干实体行业的企业都有这种历程。刚开始做电商业务的时候，一些线下店的同事并不理解，甚至排斥；事实证明，大部分行业，如今电商渠道的销售额都大于实体店的销售额。

我们电商事业部创建之初也是如此。面对一个尚不成熟的市场，自行摸索更适合的销售打法和业务模式，一路走来跌跌撞撞，过程有多难我已不想重复。然而回想起来，很多新鲜的玩法对我这个年纪的人来说虽然不擅长，但我从未产生过排斥心理，也没想过逃避，更多的心理是看到自己的不足，让下一次做得更好。

第五，培养一个真正让自己放松的方式。

这一点非常重要。培养一种爱好，或者找到一种方式，让自己从情绪压力中抽离出来，暂时脱离让你烦恼的环境和那些负面情绪。

我比较喜欢看电影、看书和散步,我会定期给自己放两小时的假,在这段时间里一个人待着,远离手机,让自己彻底放松下来——很多人已经丧失了这项能力,很难平静地享受一段独处的时光。

我看过这样一个故事:有个人本想着去看一场电影放松一下,结果由于停车太久而错过了电影开场,于是他一直沉浸在愤愤不平的情绪里,看电影时又不停地处理工作信息,到头来,电影仿佛看了,却一点也没有得到放松。

所以,就算能够找到放松的形式,也要有一颗能够享受平静的心。

正如"人食五谷杂粮,难免头疼脑热"一样,我们在错综复杂的人际关系中,难免也会产生压力、焦虑、委屈等情绪。这时候别烦躁,别担心,把它们当成一种提醒,提醒自己跳出来看一看,审视一下自己的内心,哪些情绪是应该丢弃的,哪些情绪是需要接纳的,哪些情绪是可以拥抱的。

不管怎样,管理好自己的情绪,不让情绪左右自己,做一个开心的职场人。

懂得舍弃，精准努力

1. 敢做选择，敢于舍弃

之前流行过一句话：小孩子才做选择，成年人什么都要。

我喜欢这句话里乐观和积极的态度，感觉朝气蓬勃，天不怕地不怕。可过了 40 岁以后，我逐渐觉得，不必什么都想要，也不可能什么都能得到，关键时刻还是要敢于做出选择。

杨天真在某档节目中的一段话给了我很深的触动，她说她是典型的"放弃型人格"，听起来好像很"丧"，其实她指的是，当她一旦确定一个目标时，就会照着这个目标做出规划，所有的行为都会指向这个目标，其他跟目标不相关的事情就会被暂时舍弃。

我很欣赏她的工作方法，目标性强，实操的过程极有逻辑，始终指向达成目标这一项，每个动作都是有效的，同时敢于舍弃与目标无关的无谓投入。她懂得自己想要什么，敢于舍弃那些无法完成、无法控制的事情，比如无用的应酬、与价值观不一致的投资人商讨事情等。

我认为这不是舍弃，而是更有效地投入，这也是她看似舍弃许多却获得了更多的重要原因。

她不仅是"舍弃型人格"，更是极具"创业精神"的人——如今很多互联网公司都在提这个概念，其实我也总结过，只不过我的提法没那么洋气，我称之为"用创业的心态去工作"。

具备创业精神的人，一定要舍弃那些自己无法完成、难以掌控的事情。不过，我提倡的是放弃相对来说不重要的、需要你权衡、对你设定的目标影响不大的细枝末节，而不是鼓励你在遇到困难时直接退缩。我相信杨天真所说的"舍弃"，也是为了更好地完成目标，而不是绕开目标。

在职场中，比较常见的需要选择和舍弃的场景有如下几种。

（1）当工作和家庭冲突时

平衡家庭和工作，几乎是每位职场妈妈都要面对的问题。我儿子出生后刚满月，我就上班了，从此就在陪伴儿子的妈妈和对团队负责的高管之间来回切换。

儿子小的时候，每次出差都要十天半月，回家后儿子看到我的陌生眼神，让我的内心充满了委屈、心酸、愧疚，而一旦投入到公司紧张的工作中，却又一天都想不起儿子。

关于如何在二者之间寻找平衡，我思考过很多，也做过多种尝试，最终发现只有一个办法：学会主动放弃，前提是一定要和家人充分沟通，获得理解。

毕竟我既不想舍弃事业，心里又挂念儿子，长此以往，两件事我可能都做不好。于是经过深思熟虑，我选择适当牺牲自己在家庭中的时间，并将我对工作生活的计划与先生进行了深入沟通。畅谈几小时后，他对我的选择表示理解和支持。

其实大多数时候，我们不应该要求别人理解我们的行为，但可以请求别人理解我们的心态，这才是理解的关键之处。

我的工作需要我经常出差，我就必须舍弃一部分陪伴孩子和家人的时间，舍弃参加孩子家长会的时间，舍弃一部分参与孩子成长的过程——这就是我主动舍弃的部分，而不是在身心俱疲之时，不得不满怀愧疚地被迫接受一种局面。

当然，我的舍弃不一定是正确的，只是我个人的选择，我只是希望以我为例，让更多职场女性敢于选择、敢于放弃，让自己从纠结、疲惫的情绪压力中解脱出来，对自己、对家人、对工作都是有益的。

（2）工作越来越忙碌时

如今的职场，已经不可能像之前流水线上的螺丝工一样，设置单线程的工作岗位了。哪个人不是同时参与了好几个项目？还是以我为例，我每天会在脑子里同时考虑不同板块、不同业务、不同员工的不同事情，高强度的脑力工作，让我坐在电脑前半天不动，忙得不可开交，连口水都顾不上喝。

随着工作越来越忙，我们更需要学会舍弃，我的办法是对工作进行有效规划，把工作分出轻重缓急：哪些是马上要完成的，哪些是可以暂缓的，哪些是有问题的，哪些是不必要的。将自己的精力也按此分配，及时完成最重要的事情，将不必要的事情挤出去。

这种舍弃是对我们的逻辑能力、规划能力、目标性的考验，集中优势火力，攻占自己最想获得的东西。

（3）不想进行无效社交时

临近下班，朋友打来电话："出来聚聚呗，XX 也在呢，一起聊聊。"

跟客户约见面商谈方案，对方却说："约晚上 7 点吧，去三里屯，咱们边吃边聊。"

周末好不容易可以休息一下，同学发来微信："晚上搞一场同学会，一定要来哦！"

……

这些邀请看上去是不是很熟悉？遇到如此盛情邀约，你会去吗？

我 99% 不会去。

有时候我很想感慨一下，当下的人际关系中，我认为最需要舍弃的就是无效社交。许多年轻人在社交中花费了大量的时间，却发现不仅熬了夜、花了钱，对自己的工作和职业还没什么用处。

我认为，和你关系真正好的朋友，一定明白你的忙碌和心态，就算你拒绝了他们，也不用太担心他们因此不高兴；对一些不太重要的朋友的邀约，真有时间的话，还不如陪陪家人；一些放松性质的同学聚会、闺蜜下午茶，我也几乎不参加，因为这和我的工作、家庭相比，我认为后两者更重要。

有很多同学聚会，就算我去了，如果中途临时有工作的事，我也会选择去处理工作。当然不是说我不需要朋友，只有事业就足够了，而是现阶段当二者发生冲突、让我必须作出抉择时，我心里的天平会更偏向工作。

并不建议大家学我，每个人作出适合自己的选择就好。

另外，除了出去应酬，还有一种线上社交对我们时间的"谋杀"也不容小觑。比如，你是否每天会花费大量时间在微信聊天和各种短视频上，打开手机就根本停不下来？

对付这种难缠的"敌人"，我认为最简单粗暴的解决方式就是，在工作时把手机放到一边，专注地投入工作；晚上睡前不看手机，至少不看微信，也不打游戏，不看各种短视频。

2. 舍弃是为了更好地投入

我很喜欢这句话：别人十分钟做完的事情，你五分钟做完，那么你就拥有了别人两倍的人生。

这就是投入的乐趣。

比舍弃更重要的就是投入。在离目标最近的事情上，在自己喜欢的事情上，在规划之后重要的事情上，百分之百地投入精力，这样，不重要的事情自然就会被挤走，留下来的事情，一定值得我们全身心地投入。

比如我，不出差的时候，每天早上七点半我会准时进入公司大门，开启全身的工作状态。我不喜欢在工作中吃零食，或是跟同事聊天，哪怕是在微信上和朋友闲聊都不行，工作的时候就要屏除一切杂念，全情投入。

下班之后回到家，我会要求自己必须抽出一小时的时间陪伴儿子。在回家进门的一刻，哪怕我还在打电话，也一定会站在门口把电话打完再进去。进门之后，我会把电话放到一边，专注地陪儿子玩游戏、看书、讲故事，不管多么重要的事情，都要等一个小时以后再处理。

当你没有足够的时间去支配，只能在做当下的事情时选择全身心投入。面对不得不舍弃的东西时，接受自己无法兼顾的事实，马上舍弃。无须愧疚，这样的选择和投入，会让你拥有更高的时间利用率，也不必纠结，我们大部分的烦恼都源于纠结，源于选择时的自我拉扯。

懂得舍弃和全身心地投入，是对自己人生的负责。舍弃不是为了减少，而是为了在力所能及的范围内获取更多有价值的东西。

焦虑时,需要按下"暂停键"

装了卸,卸了装,反复几次之后,抖音 App 还是被我留在了手机里。虽然我没时间刷视频,有些视频也看不出好看在哪里,可身边的男女老少都在看,我就必须去了解、去感知。

有天晚上偶然刷到一条抖音,画风跟见惯的滤镜美颜美女不太一样,令我印象深刻。那是一个全素颜的中年女子,头发毛躁花白,满脸皱纹和斑点,眼神中也是满满的憔悴和沧桑,视频配文:42 岁,无滤镜,无美颜,最真实的自己。

点开一看,才发现这原来是一个话题活动,很多人都用了"去滤镜"效果直拍自己。看着那一张张无比真实的素颜,心里不由得"咯噔"了一下。

之前我在不同场合聊过容貌焦虑、年龄焦虑的话题，我都是斩钉截铁地一口否定：我不焦虑，我不怕老，基本素颜，因为我一直觉得自己没办法靠颜值，自己的每一步都走得充实、扎实，我自认有底气抵挡漫长的岁月。

这次，我虽然依然笃定自己的答案，但忽然想静下来再认真想想。我原本是个喜欢保持"战斗"状态的人，比较果断，不喜欢纠结，然而从萌生写作这本书的念头开始，却越来越希望时间能慢一点、自己能柔韧一点。

我再次问自己，关于年龄、容貌、身材和其他方面，我焦虑吗？

1. 容貌焦虑

打开手机前置摄像头，看着镜头里的自己，说一点都不沮丧是假的：皮肤松弛暗黄，鱼尾纹和法令纹齐齐报到。好久没这么仔细地观察自己了，时间何其公平，该留下的痕迹肯定都会留下。

让我比较欣慰的是，我的眼睛虽然不那么清澈了，但眼神中还有光，并没有太多的沧桑和疲惫之感。

为了便于打理，我多年来只留短发，每天早上都会洗头、吹干、保持清爽；我每天也会略施粉黛，化个淡妆，不是为了遮盖皱纹，毕竟遮也遮不住，只是喜欢干净整洁的感觉。

对于身材这件事，其实我没什么话语权，我的健身只停留在嘴上，从未付诸行动。加上作为北方人，我又是"主食控"，可我不喜欢自己臃肿的样子，于是只能自控，少吃一点，吃得健康一点，所以这么多年体重基本没有变过，10年以前的衣服现在依然可以穿。

我会在意自己的容貌，我对自己的外形、形象有要求，但我不会因为眼角多了一道皱纹、腰间多了一块赘肉而陷入焦虑。

我会要求自己，但不会苛求。我努力让自己经得起岁月的雕琢，也更欣然接受岁月的描摹和馈赠。

2. 年龄焦虑

关于年龄危机，我想到一个话题：如果能穿越，你愿意回到10年前或20年前吗？

很多人都想回去，回到高中，一定要好好学习，考一所好大学；回到大学，一定不谈恋爱，专心学习，为搞事业做准备；回到结婚前，一定不要嫁给这个男人；回到20多岁，好好看看自己年轻的时候有多美……

我不想回去。

忙到飞起却让我热爱的工作，小问题不断却齐心协力的团队，办公室里日益茂盛的发财树，俯瞰国贸桥的办公室落地窗，以及自己脸上的每一道皱纹，身体的每一次疲惫，孩子的每一个笑脸和每一声"妈妈"……拥有的这一切，都是我一步一个脚印走过来的，是我一天一天经历过来的。

我怎么舍得放弃呢？这一切构成了今天的我，哪怕10年前、20年前的自己更年轻、更有活力、更有不服输的闯劲儿，但却少了一份成熟、从容和稳重,所以我也更喜欢如今的自己。

每一个年龄都有属于这段年华最好的状态。

20岁时,我们有的是青春、激情和活力;30岁时,我们增添了经验和稳重;到了40岁,我们有的是成熟和岁月经历沉淀下来的淡定、自如和气质,是对更多事情的把控力。

所以,我真的不焦虑年龄这件事,我经常忘记自己几岁了,有时别人问我多大了,我一时反应不过来,就回答"我已经进入不惑之年"。

年龄于我而言,只是躺在个人资料里的数字,我希望自己能始终保持一颗少年心。我从来不会在做一件事时,思考是不是我这个年龄该干的事,而会跟着自己内心的感觉做决定,想好了就做,做了就尽最大的努力做到最好,

3. 健康焦虑

年龄本身奈何不了我,也无法带给我容貌、身材方面的焦虑,却依然让我见识到了它的威力。不得不说,我有点服软了,健康这个话题是需要每个人面对的。

长期体力、脑力的透支,以及高强度的熬夜、加班等,让我的身体自愈能力越来越差。

有一次在连续出差一个月后,我突然脸上长痘,而且是一片,医生说这明显不是皮肤的问题,而是免疫系统的问题,必须休息。于是我两天没出门,尽量不看手机,躺在家里补充睡眠,终于在

第二天晚上情况有所好转。

第三天一早我就上班了,当再次进入工作状态,很快就淡忘了这件事,忙到忘记吃饭时,身体又一次发出了求救信号——我失眠开始变得严重,甚至有点抑郁了。

其实这些年我的睡眠一直不太好,之前虽然入睡难、睡眠浅、睡觉时间短,但好歹可以睡着。而且之前我是被动失眠,由于工作太忙,经常熬夜,这次却是主动失眠,躺在床上翻来覆去就是睡不着,脑子累得嗡嗡响,却异常清醒,就像一台无法关机的老电脑。我不由自主地叹气、控制不住自己内心的委屈,眼泪流到枕头上……

我终于品尝到焦虑的滋味了。

不过我没有慌,我对自己说,这所有的现象都是自己积累太久的情绪,遇到问题了,想办法解决就好。无论什么时候,都要明确目标,找对路径,哪怕是应对失眠、焦虑、抑郁这样的情绪问题。

于是我尝试了三招。

首先,分散焦虑。

失眠的时候特别容易胡思乱想,身体静静地躺着,心里却静不下来,神经绷得紧紧的。此时就要分散注意力,做一点别的事情,缓解内心的焦灼感。

我的办法是听书。刚开始时我听樊登读书、得到大学、混沌大学,结果发现越听越睡不着,因为听的时候脑子也跟着飞速运转,反而更兴奋。我意识到应该听点别的什么,于是在网上找了深度睡眠、快速睡眠的音乐、白噪音等,其中有一种下雨的声音,再加上随身携带了"倍轻松"的眼部按摩器,很快就会放松下来,不知不觉就睡着了。

其次,借助外力。

当身体报警的时候,一定要重视起来,除了调整心态,还可以借助外力,比如通过运动、健身来强身健体,帮助睡眠;也可以像我一样去看中医,通过药补、按摩、热敷、针灸等方式助眠。

再次,接纳焦虑。

这是我在经历了上述两个方法之后悟出来的道理。我发现想办法解决问题固然有效,但首先应该尊重问题,既然问题来了,肯定有它的原因,先别忙着赶走或逃避,如果怎么都睡不着的时候,我们换一种方式休息,不如看一部电影。

有一次,我一直清醒到晚上 12 点,还是没有睡意,于是我看了一部很喜欢的电影,结束时已经是凌晨 2 点了,我并没有因为这么晚还没睡而焦虑,反而愉快地回味了一下电影情节,然后对自己说:"赚到了,偷时间看了一部好看的电影,满足了自己很久没有过的松弛感,接下来就晚安吧。"

我很快就入睡了,第二天早上 6 点准时醒来,我并没有因为只睡了4个小时而焦虑，反而暗示自己一夜无梦，睡眠质量很高，该起床了。事实上，那天我正常上班，元气满满，没有哈欠连天，在接下来的几天晚上，我睡得都不错。

我现在的睡眠时好时坏，我可能还会总结出第四招、第五招，但是无论如何，我已经不那么焦虑了，换着法让自己放松、开心。

身体健康带来的焦虑虽然给了我当头一棒，也让我感到庆幸。它让我警醒，要善待自己，接纳自己：接纳自己的精力不足，接纳自己身体的待机时间变短，接纳自己些许的不完美。

可以说，焦虑为我按下了一次"暂停键"，告诉我，舍得用自己，更要懂得维护自己。除了冲锋，我还有其他体现价值的方式。

职场女性的平衡密码

这些年我越发觉得,我们的客户、合作方和越来越多的重要岗位都被女性担任,身边涌现出无数职场丽人。她们优雅而干练,妆容精致,衣着得体,业务能力强,办事干脆利落。

身为女性,我感恩这个时代给了我们最宝贵的东西——平等的机会,只要肯努力,就有回报的环境。

正因为越来越多的女性在职场中占据重要职位,很多约定俗成的工作方式得到了优化,比如谈项目不一定在酒桌上完成,敲定合同也不一定需要多次拜访。我们经常一天约见几拨人,都是直奔主题,商谈具体的合作条款。和外地客户沟通时,也可通过线上会议商谈,谈完立刻推进。

现在社会对女性的身份期待很多，虽然女性在职场中承担了和男性一样的工作职责，但生孩子这件事只有女性能干，对孩子的养育往往也落在妈妈的肩头。要同时顾及工作和家庭的平衡，女性只有更高效，才能保证回家后仍有精力踏入另一个"战场"。

平衡工作和家庭，几乎是每个结婚生子的职场女性都要面临的问题，我也不例外。

1. 不被家人理解时

每个人都在扮演多重角色。在职场中，我是一名职业经理人，努力工作，获得了一些认可和收获；在家庭中，我是一个女儿、妻子、儿媳和母亲，每次下班回家，都有一种一脚踏入另一个世界的感觉，这个世界里的血脉亲情、家长里短、烟火人气都需要经营和解决，甚至和职场一样，不得懈怠丝毫。

记得在我儿子五六岁的时候，我又一次没去参加他的幼儿园家长会。晚上回家后我向他道歉，他气鼓鼓地不理我，我再次道歉，没想到他哭着质问我："你上班，谁不上班？为什么别人的妈妈都能陪孩子？你就是不愿意管我！"

我一下子蒙了，心脏像猝不及防地被扎了一刀，脑海中有瞬间的空白。等我反应过来，我一把将儿子搂进怀里，眼泪大颗大颗地滚落，道："儿子，对不起！妈妈工作太忙了，陪伴你的时间确实太少，妈妈以后一定改正，一定多陪你，再也不缺席你的家长会。但你一定要记住，妈妈对你的爱一点也没减少，你在妈妈心里是最最重要的！"

那天晚上，我们俩聊了很久，起初是我哄他，后来就成他替我擦眼泪，安慰我说没关系。

平静下来之后，我开始反思，究竟是什么让儿子产生了这样的疑问。我想应该是家庭氛围，是大人之间的不沟通、不理解。

我经常在忙碌一天后，拖着疲惫的身体回家，一点力气都没有了，恨不得一头栽倒在床上，一句话也不想说，家里的大事小情，也根本顾不上管。在工作中，我经常说要有同理心，其实在家庭中也是一样，从家人的角度设身处地去想，我确实做得不到位：成天见不到人，孩子要睡了才回来，回家了也不理人，第二天天不亮又出门了，就像是一个租客。

就像儿子说的，谁不上班，谁没有工作，为什么别人就不这样呢？我在疏离的家庭氛围中感到委屈、不被理解，却又很无力。这种无力一方面是体力上的疲累，另一方面是自己都无法解释得通的感觉。

记得之前工作没那么忙的时候，我每次加班，先生都会开车来接我。渐渐地，我加班的次数越来越多，晚归成了家常便饭，甚至有时一出差就是十天半月，我什么时候回家就无人在意了。

有一段时间，我怀疑自己的精神出了问题，每次回家晚，我就焦虑得不行，甚至不敢回家，担心太晚回家会吵到家人休息，遭人嫌弃。我经常开车到小区门口时开始纠结，要不去酒店或者回办公室凑合一夜吧，然而我知道这样根本不利于解决问题，只会让家庭关系陷入冰点，于是只好硬着头皮忐忑回家。

其实这样小心翼翼地逃避并不能解决问题，只会让问题越变越糟，和家人的沟通交流变少，他们也就变得更加不理解我。

2. 主动解决问题

压死骆驼的最后一根稻草掉下来了。虽然我一直强撑，但是突然有一天，我意识到了这样不行，必须要"破冰"！

而让我彻底反思、一定要解决冷战的决心，起源于一个冬天的晚上。我出差回来，在机场好不容易打到一辆车，结果是个拼车，要先送和我拼车的男人回家，才能送我。那个男人有好几箱行李，加上我的，后备厢根本放不下，于是我跟司机说，你直接送他吧，我再打车。

饥困寒冷交加的情况下，半个小时才打到一辆车，就在下车的时候，我一脚踩空摔了个跟头，膝盖重重地磕在马路上，手机也飞了出去，一声脆响之后，我腿上流着血，手机屏幕也碎了。

那一刻，我委屈到了极点，终于理解了那句："成年人的崩溃，往往就在一瞬间。"

站在夜晚的寒风中，我扶着随我走南闯北的行李箱，不由得号啕大哭。哭累了，也哭爽了，心中郁结的苦闷仿佛一下子倾泻而出。擦干眼泪，推着行李箱大步回家了。

家人看到我狼狈的样子也着实被吓了一跳，看着他们担忧的眼神，我心里一暖，更加坚定了"破冰计划"就在当下。

第二天是周末,我放下手机,和家人第一次开了家庭会议,推心置腹地交流了一番,说了我的工作现状,我对自己工作的期待,工作带给我的快乐和成就感,以及我对他们的愧疚和感谢,一直以来内心因为亏欠而经受的煎熬……

就这样,家人没有了指责和抱怨,表示愿意无条件理解、支持我。关于工作和家庭的时间平衡,我们也做了分工,达成了共识。

一家人围坐在一起吃饭时,露出了许久未曾见过的幸福笑容。

3. 让家人看见你的忙碌和付出

疫情对我来说是一个重要的转折点,真是应了古人说的"祸福相依"。所以说,永远不要用过于单一的视角去看问题。那段时间对我来说,我有了更多机会留在家里工作,陪伴我的家人。

也是那时,家人才第一次发现,原来我真的那么忙。

每天早饭后,从8点开始,就是各种电话,参加不同的会议,处理层出不穷的问题,一直忙到晚上10点,有时还没能忙完。

渐渐地,我发现家人开始理解我了。本来说好了,我好不容易在家,由我做午饭,但是他们发现,我根本没有空当去做,于是我还在电脑前忙碌,热气腾腾的饭菜就被端到我面前了。

后来,先生对我说:"要不是亲眼所见,真不敢想象你真的这么忙!"有了家人的理解和照顾,虽然忙碌还是忙碌,我却不感到疲惫了。

我想说,平衡不是忍受,不是接受,不是顺其自然,而是理解。

当你发现由于工作太忙无法顾及家庭时，最好的方法是让家人看到你在工作中的努力和付出，让他们明白你为什么要如此付出，同时记得在自己的版图中为家人留一个位置。

家庭永远是需要爱的地方，家人比任何人都希望你成功，他们希望能帮到你，而不是被你当成可有可无的一部分，更不想成为你的拖累。事业与家庭最好的平衡就是让家庭融到事业中去，把家庭当作事业来经营，让家人了解你在干什么，才能理解你、支持你，而你耐心地分享，也是表达你对家人的重视。

那一段时间，我享受到的是我像往常一样在忙工作，先生在厨房里切了一盘水果，儿子小心翼翼地端过来给我，还轻声嘱咐我一定要记得吃。我的心思都在会议内容上，可还是被这小小的"打扰"暖了个满怀。

谁说家庭和事业是鱼与熊掌不可兼得？只要你努力经营，家庭与事业都会属于你。

忙碌而从容,从轻盈到充盈

每个早高峰,建国路都是北京最拥堵的大街之一,无数职场人投身在这片区域的写字楼里,挥洒着青春和梦想。

多年来我养成了早起的习惯,每天早上五点半准时起床,先准备早餐,再去洗漱、化妆。

我的化妆技术很一般,但我喜欢略施粉黛、清爽干净的感觉,有一种晨起唤醒自己的仪式感。看着镜中的自己,头发被吹得整齐,整个人便慢慢有了神采——我喜欢这股劲儿,忙碌而美好的一天又开始了。

收拾完毕,早餐也做好了,坐下来安心吃一顿,再换上头天晚上搭配好的衣服,六点半准时出门。

路上的车程大概半小时左右，我会听一听新闻或音乐，欣赏一下还没来得及堵车的北京晨曦。天气暖一些的时候，阳光熹微，看到热气腾腾的早点铺和晨练的人，听到树上鸟儿的叫声，心情都是愉悦的——这才是生活呀！

拐入建国路，两旁林立着高楼大厦，国贸桥蜿蜒宏伟，彰显着北京这座都市的现代化和CBD地区的繁华。路上已经有车辆来往，但并不多，还不用担心因为堵车等糟心事。

7点左右，这座城市刚刚苏醒，我已踏上了通往办公室的电梯。

进入办公室的第一件事，就是打开所有窗户，让清晨的阳光和微风都进到屋中，带走一夜的沉闷气息。给桌上的绿植浇点水，让它们沐浴一会儿阳光和微风，再收拾一下办公桌，泡上一杯茶，在最繁忙的地点，享受一杯一个人的清晨茶。

之后，就是查收邮件和工作计划，忙碌的一天开始了。

为什么我会早起和早到呢？是我年龄大了、睡眠少了、睡不了懒觉了吗？有这个原因，而且每个人对睡眠时间的需求不同，有的人一天睡4—5个小时就能精神抖擞，有的人不睡够8小时就会头脑昏沉，这是个体差异，也跟多年的习惯有关。

比如我，由于"开机"早，经过一整天的忙碌，到了晚上就会"电力不足"。我很羡慕那些能够"超长待机"的人，但我不行，十点半就要"关机"睡觉了。

我坚持早睡早起的习惯，更大原因是我喜欢让自己从容一点，万事都有所准备，能够有条不紊。我不喜欢自己为了赶时间而着急忙慌，因为堵车而心浮气躁，所以我要求自己提前2小时到达公司，提前开始工作，等大家9点上班后，我已理清全部逻辑，就能更高效地处理和分配接下来的工作。

曾经有个卡点上班的视频很火，一个女孩每天早上出了地铁站一路狂奔到公司，卡在9点到来的最后一秒打卡，每天如此，成为公司独特的风景线。公司同事们为了能在楼上看她奔跑，都集体早到，守在窗边为她加油。

估计不少熬夜党、起床困难户会对此深有共鸣。晚上捧着手机刷视频、追剧、打游戏，属于自己的快乐时光太短暂，怎么都舍不得睡觉，不知不觉就到了凌晨，才恋恋不舍地放下手机。第二天在闹钟一遍遍催促下，艰难地起床，胡乱收拾一番就冲出家门，挤入人群、公交站、地铁站，如同沙丁鱼罐头般从此地辗转到彼地，再像视频里的女孩一样紧赶慢赶，踩着最后一分钟打卡。

看起来没迟到，其实已经迟到了，喘着粗气冲进办公室，打开电脑，吃早餐，等平复下来投入工作，半小时过去了。

所以我经常说，我从来不觉得晚睡晚起的生活方式有什么不妥，我只是不太赞成晚睡晚起可能造成的后果。

如果你一边熬最晚的夜，一边按时起床，从容不迫地开始工作，还能保持思路清晰、反应敏捷，我给你点赞，我羡慕这样的人。但如此天赋异禀的人我还没有见过，我们大概率都是普通人，想要从容不迫、游刃有余，就只能提前准备、做足功课。

不仅是工作，生活也是如此，以前听到"乐活"这个词，总觉得离自己太远。我这种风风火火的忙碌族，有生活就算不错了，哪里还能慢悠悠地"乐活"？

这几年身体频繁报警，睡眠质量一再下降，我开始慢慢理解这个词的博大内涵了。

乐活，就是喜乐地活着，它不一定是慢悠悠的，也不完全指代生活，我们的工作、家人、朋友、健康等，都是我们的一部分，都是我们活着在体验和经历的事情，柔韧地安排好、平衡好，就是乐活。

乐活是一种修炼，修的是静下心的努力，修的是在繁杂忙碌中恢复知觉，修的是在花花世界更好地活着。

忙碌而从容，便是乐活的心态，也是我想要的状态。

后记

从"转身"到"转念",便能掌控人生

2022年之后,我感觉时间变慢了,也变快了。

变慢在于很多事情推不动,着急也没有办法,整体节奏都慢了下来。变快在于很多事情还没来得及做,一转眼一年就过去了,让人感觉措手不及。

有一次,八岁的儿子给我看了一条视频,大意是:成绩差不可怕,最可怕的是拖拉,人家已经看十遍,你才看了一小半。如果拖拉改不掉,你去搬砖都没人要。哈哈一笑之后,发现这段话不仅适用于孩子,也适用于成年人。

于是，"转念"让我意识到，一旦认清趋势，就要果断作出决定，不能等的绝对不等。一件事情，一旦笃定方向是对，就要快速行动，坚决不能拖拉。

人在不同的阶段，会有不同的变化。

最初的电商事业部只有我一个人，凡事都需要亲力亲为，亲自开拓渠道，亲自洽谈业务，甚至承担起客服的工作。

如此打磨之下，让我慢慢形成了一种习惯，习惯一个人去干很多事情。当我开始带团队的时候，我意识到这种习惯是不对的，我必须学会放手，学会放权，带团队就要会用团队，否则一个人做事永远做不大。

可能有不少从基层做起成为管理者的人，都像我一样有一个相对漫长的角色转换过程，就是明明拥有了团队，也给大家分配好了任务，自己却还置身其中，不停地追问进度、纠正问题，依旧会不放心，担心别人做的不如预期，担心整个局面不可控，甚至像个救火队员一般，扑救每一处"失火点"。

这就是有了表面的、动作上的"转身"，却还未达成心灵上的"转念"。

其实放手不是甩手，而是要做给团队看，也要团队做给你看。在做的过程中教会大家如何升级自己的动作。这就好比从运动员升级到教练，再从教练升级为裁判的过程。

在职场中，仅仅学会"转身"是不够的，一定要真正"转念"，要真正去放大格局，而不是被"撑大"。要让自己的心胸完全放开，看到别人的优秀之处，去成就别人，去"利他"。这可能和我们的年龄、经历、自信、心态都有关系，慢慢来，不要着急，尝试着去联结更多的人，影响他们的思想和行为，实现团队的升华，在原有的基础上更上一层楼。

在全人类共同经历健康、环境、经济和心灵的重创之后，我更加意识到"转念"的重要性，对个人、家庭、企业，都有了不同以往的新感触和新思考。

就我个人来说，以前的我更看重时间、效率、结果，强调自律的重要性，而现在的我意识到，这一切的前提就是保证身体的健康，拥有较强的免疫力。良好、规律的生活习惯是免疫力的基础保障，马总一直在讲，大家一定要早睡，遵循子午流注十二时辰养生法，让五脏六腑都得到休息。

之前听到这样的话，我都表示不理解、做不到。我会说："不要和我说这些，否则别让我做电商，我们做电商的就是要熬命。"

现在听到这样的话，我才明白老板的良苦用心，他是发自内心希望我们都好，希望我们拥有健康的体魄。当我们顿悟的那一天，我们就会发自内心地感动、感恩，更加珍惜身边真正关心自己的人。

自律依然是重要的，自律的人才能拥有健康的生活。当我"转念"意识到这一点并做出改变后，我发现改变的只是我们的工作习惯，工作效率和结果并没有受到负面影响，反而变得更好了。

所以，当有人再和我说类似的话时，我不会像从前一样固执，说自己没有时间，没有办法，我们的行业就是这样。现在想来，以前这么说，完全出于我的执念。而这一两年不断成长后，我更加懂得"感恩大于抱怨，正念大于执念"。

从商业层面来讲，我之前总对团队说，大家不要算小账，要算大账，而现在的我更看重这些"小账"。算小账不是心思小、格局小，而是要把每一分钱都花在刀刃上，学会精打细算。

比如包装盒有各种规格，每种产品有一定的起订量。如果我们有50个规格的产品，每个规格起订10万台，那么就要生产500万台不同的产品，制作50种不同规格的包装盒。每一种规格的包装盒价格不同，有的高有的低，成本不好控制，这就是容易被忽略的小账。

营销费用不能铺天盖地去花，而是要让每一分钱投放到最精准的渠道和品类之中，以最精准的内容、方式做营销，面向最精准的人群，这也需要算好小账。

再比如，我们在人员编制方面，每年都会有一个浮动比例，算小账就是要想清楚，今年我们需要100人，明年可能需要130人，假如我们现在已经有了130人，那么做一些模式优化，是不是用120人也能解决，让人效达到最高？

一家知名企业有句话："方向大致正确，团队充满活力。"其实我想说，没有一个绝对完美的战略，也没有一个绝对正确的领导，当方向大致正确的时候，只要团队能够全力以赴、充满活力，能够落地执行、达成闭环，战略可以在执行过程中得到修正，战略会逐步变得更加正确、完美，结果也会变得更加理想。

在过往的三年，其实我们会发现，很多转型快的公司，并没有因为大环境变化而受伤，转型慢的公司，即使是行业巨头，也可能因为大环境变化而倒闭。经历了既快又慢的时间段，如果我们还不为所动，还未付诸行动，我想再过几年也不会有好结果。

因此，面对未来，不管对企业，还是对个人，我们首先要具备对环境变化的敏感度、梳理清晰方向、路径；其次要快速行动，不能拖拉；最后就是只要方向大致正确，全力以赴就好。

人要懂得取舍，更要学会思考，从"转身"到"转念"，你会发现，人生万事，不过如此。